Adolf Miethe

Dreifarbenfotografie nach der Natur

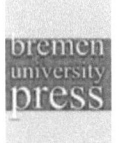

Adolf Miethe

Dreifarbenfotografie nach der Natur

ISBN/EAN: 9783955623555

Auflage: 1

Erscheinungsjahr: 2013

Erscheinungsort: Bremen, Deutschland

@ Bremen-university-press in Access Verlag GmbH, Fahrenheitstr. 1, 28359 Bremen. Alle Rechte beim Verlag und bei den jeweiligen Lizenzgebern.

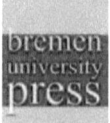

Dreifarbenphotographie

nach der Natur

nach den am Photochemischen Laboratorium der
Technischen Hochschule zu Berlin angewandten Methoden.

Von

Geh. Reg.-Rat Dr. A. Miethe,
Professor an der Königl. Technischen Hochschule Berlin.

Mit einem Dreifarbendruck und neun Abbildungen.

Zweite Auflage.

Vorwort zur ersten Auflage.

Das vorliegende kleine Werk bezweckt eine praktische Anleitung zur Herstellung von Farbenphotographieen nach der Natur mit Hilfe der additiven und subtraktiven Synthese, nach den am Photochemischen Laboratorium der Königl. Techn. Hochschule verbesserten Methoden. Die vielseitige Anerkennung, die unsere Resultate auf diesem Gebiet gefunden haben, rechtfertigt wohl die Veröffentlichung einer kurzen Schilderung des praktischen Weges, den wir gegangen sind. Wir glauben nicht fehl zu gehen, wenn wir in dem von uns Erreichten einen weiteren Fortschritt in der farbigen Photographie erblicken und wenn wir die durch unsere Arbeiten wesentlich gewonnene Möglichkeit der bequemen Herstellung von Dreifarbenbildern nach der Natur als interessant genug ansehen, um wenigstens kurz im Zusammenhang geschildert zu werden.

Dr. A. Miethe.

Vorwort zur zweiten Auflage.

Mit geringfügigen Änderungen und Ergänzungen, welche durch neuere Erfahrungen gegeben sind, erscheint die zweite Auflage dieses kleinen Werkes, nachdem die in demselben beschriebenen Methoden speziell in der wissenschaftlichen Photographie eine weite Verbreitung gefunden haben.

Dr. A. Miethe.

Inhalt.

	Seite
Einleitung	1
Kap. 1. Die Aufnahmeplatte	4
Kap. 2. Der Aufnahmeapparat	25
Kap. 3. Die Aufnahme	35
Kap. 4. Die additive Synthese	45
Kap. 5. Subtraktive Synthese oder Dreifarbendruck	64
Kap. 6. Zur Ästhetik der farbenphotographischen Aufnahmen	75

Einleitung.

Die fortdauernd genährte Hoffnung, daß die farbige Photographie nach der Natur eine direkte Lösung finden werde, hat sich bis jetzt nicht bestätigt; im Gegenteil hat sich gezeigt, daß alle bisher vorgeschlagenen direkten Methoden zwar zum Teil erhebliches wissenschaftliches Interesse besitzen, daß aber kaum irgend eine Aussicht vorhanden ist, daß mit Hilfe derselben das vorschwebende Problem, Naturaufnahmen in natürlichen Farben auf einfachem Wege herzustellen, gelöst werden kann. Die direkten Methoden erfordern einerseits bis heute außerordentlich lange Expositionszeiten, anderseits ist gerade die Wiedergabe derjenigen Farben, welche in der Natur fast allein vorhanden sind oder doch in erheblichem Grade vorwalten (der Mischfarben), nach diesen Methoden besonders schwierig und ungünstig. Der durch das Ausbleichverfahren gegebene Weg ist bis heute praktisch noch nicht gangbar. Es liegt noch kein Fingerzeig vor, daß es gelingen wird, die Lichtempfindlichkeit der auszubleichenden Präparate einerseits und ihre Lichtechtheit nach Beendigung des Ausbleichprozesses anderseits so weit zu steigern, daß das Verfahren praktisch zur Aufnahme nach der Natur brauchbar wird. Das gleiche gilt auch vom Lippmann-Verfahren. Wenn auch hier, wie die vortrefflichen Arbeiten von Neuhauß gezeigt haben, die Naturaufnahme möglich ist, so ist doch die Wiedergabe der Mischfarben außerordentlich

Das praktische Versagen der direkten Methoden der Farbenphotographie.

schwierig und unvollkommen, und die Unmöglichkeit der Vervielfältigung der so gewonnenen Platten bildet ein ernstes Hindernis für diese schöne Methode. Etwas aussichtsreicher sind die Methoden, welche auf dem System der Dreifarben-Synthese in der Weise aufgebaut sind, daß durch chemische oder optische Hilfsmittel eine gleichzeitige Aufnahme der Teilbilder hinter passend zerlegten Teilfiltern ermöglicht wird. Aber auch hier ist das Interesse in dem Maße erlahmt, als die Schwierigkeit der Herstellung der mechanisch-optischen Vorrichtung einerseits und die Schwierigkeit der Reproduktion dieser Aufnahmen anderseits sich mehr und mehr herausgestellt hat. Recht bequeme Methoden ergeben die neuen Lumièreschen Farbenkornplatten, die aber auch nur Glasbilder liefern.

Vervollkommnungen der Dreifarben-Synthese. Dagegen haben die Methoden der Dreifarben-Synthese auf dem alten üblichen Wege in den letzten Jahren derartige Vervollkommnungen aufzuweisen, daß man diese Verfahren nicht mehr als schwierig bezeichnen kann, und ihre Resultate sind wenigstens für eine der beiden denkbaren Lösungen bereits heute so gut, daß nichts mehr zu wünschen übrig bleibt. Wenn auch eine praktische Lösung der Aufgabe der gleichzeitigen Aufnahme der Dreifarbenbilder für den Fall, daß nähere Gegenstände abzubilden sind, noch nicht gefunden ist, so bietet doch diese Tatsache bei dem heutigen Stand der Technik der Herstellung farbenempfindlicher Trockenplatten und bei passender Konstruktion des Aufnahmeapparates kein ernstes Hindernis mehr, es sei denn, daß die Aufnahme schnell bewegter Gegenstände in Farben als letztes Ziel hingestellt werde.

Die Dreifarben-Synthese ist zu gleicher Zeit das bei weitem bequemste farbenphotographische Verfahren, und die notwendigen Methoden und Einrichtungen sind derartig, daß sie von jedem in der Photographie Bewanderten mit Erfolg angewendet werden können. Zudem ist die Apparatur, wenn man sich die einfachsten Fälle heraussucht, durchaus nicht kostspielig oder schwerfällig.

Zwei Möglichkeiten eröffnen sich auf dem Wege der Dreifarben-Synthese, entweder die der sogen. Beleuchtungsphotographie oder der additiven Synthese, oder der Weg des Dreifarbendruckes, der sogen. subtraktiven Synthese. Die erstere Methode liefert keine farbigen Bilder im gewöhnlichen Sinne; doch sind ihre Resultate in Bezug auf ihre technische und künstlerische Vollendung bei weitem die vorzüglichsten. Diese Methoden erfordern zum Sichtbarwerden des farbigen Bildes Betrachtungs- oder Projektionsapparate, in denen entweder, wie im ersteren Fall (Chromoskop), das farbige Bild einem einzigen Beschauer, im letzteren Fall (Farben-Projektionsapparat) einem größeren Zuschauerkreis gleichzeitig vorgeführt werden kann. Der Dreifarbendruck — die subtraktive Synthese — liefert tatsächlich farbige Bilder. Die hier erzielten Resultate sind ebenfalls durchaus nicht schwierig zu erlangen. In künstlerischer Beziehung können dieselben ebenfalls als befriedigend, ja als hervorragend gut angesehen werden. Die Natur der angewandten Mittel aber bedingt, daß die Resultate in Bezug auf genaue Treue der Farbenwiedergabe gegen die additive Methode zurückstehen, und daß vor allen Dingen die Erzeugung dieser Bilder mit verhältnismäßig größeren Schwierigkeiten verknüpft ist, als die der auf additivem Wege durch Projektions- oder Betrachtungsapparate erreichbaren. Beide Methoden haben ihre Vorteile, beide ihre Nachteile; je nach dem beabsichtigten Zweck wird daher die eine oder die andere vorteilhaft einzuschlagen sein.

<small>Die beiden Wege der Farbensynthese.</small>

Kapitel 1.

Die Aufnahmeplatte.

Die Begründung der Notwendigkeit dreier Aufnahmen zur Registrierung der Anteile der Grundfarben in den Mischfarben.

Bekanntlich beruht die Methode zur Erzeugung farbiger Photographieen durch Dreifarben-Synthese auf der Zerlegung der Mischfarben der Natur in drei Komponenten. Am leichtesten verständlich wird dieser Vorgang bei der sogen. additiven Synthese. Die Grundfarben Rot, Grün und Blau können durch additive Mischung jede beliebige Farbennuance bilden. Beleuchtet man einen weißen Schirm gleichzeitig mit gewissen Mengen roten, grünen und blauen Lichtes, und variiert diese Mengen derartig, daß man den Prozentsatz der einzelnen Grundfarben in der Mischung verändert, so kann man auf dem Schirm jede beliebige Mischfarbe erzeugen. Gleiche Mengen eines richtig gewählten Rot, Grün und Blau ergeben ein reines Weiß. Tritt das Blau zurück, so geht das Weiß allmählich durch Hellgelb in ein leuchtendes Goldgelb über. Vermindert sich der Anteil an Grün, so steht das Gelb allmählich durch Orange in Rot über. Wird anderseits zu gleichen Teilen Rot und Blau in abnehmendem Maße Grün hinzugesetzt, so geht das zuerst entstehende Weiß in Purpurviolett über, während durch eine Verminderung des Rot das Weiß allmählich durch die Nuancen des weißlichen Grün bis ins tiefe Blaugrün übergeht. Ebenso wie wir durch diese additive Mischung der drei Grundfarben Weiß erzeugen können, ist es möglich, durch passend gefärbte Filter aus einer Mischfarbe jederzeit die in ihr enthaltenen Anteile an Rot, Grün und Blau auszusondern. Auf dieser Absonderung beruht die Möglichkeit, in drei hinter passenden farbigen Filtern hergestellten Negativen eine photographische Registrierung der in den Mischfarben enthaltenen Anteile der Grundfarben zu erhalten.

Bei jeder Farbensynthese läuft nun der Aufnahmeprozeß auf eine derartige Registrierung der Anteile der Mischfarben an den sie zusammensetzenden Grundfarben hinaus. Wollen wir beispielsweise durch einen photographischen Prozeß irgend eine Mischfarbe in ihre drei Grundfarben-Komponenten zerlegen, so verfahren wir dabei so, daß wir zunächst drei photographische Aufnahmen herstellen, von denen die eine durch ein rotes, die zweite durch ein grünes, die dritte durch ein blaues Filter hergestellt werden muß.

Um diese Aufgabe zu lösen, bedarf man neben den notwendigen auslesenden Filtern solcher photographischer Platten, die für die betreffenden ausgesonderten Farben empfindlich sind, also einer Platte, die für Rot, einer zweiten Platte, die für Grün, und einer dritten Platte, die für Blauviolett empfindlich ist. Dieser Betrachtung gemäß bediente man sich in der Dreifarbenphotographie früher fast ausschließlich dreier verschiedener Aufnahmeplatten, die den gestellten Anforderungen genügten. Für die Rotfilteraufnahme verwendete man eine Platte, die durch Sensibilisieren rotempfindlich gemacht war, für die Grünfilteraufnahme eine entsprechend grün sensibilisierte Platte und für die Blaufilteraufnahme eine gewöhnliche Trockenplatte. Nur für bestimmte Zwecke, beispielsweise für die Jolysche Farbenraster-Photographie, verwendete man notgedrungen sogen. panchromatische Platten, welche bei ihrer verhältnismäßig mangelhaften Rotempfindlichkeit nicht besonders geeignet für die vorschwebenden Zwecke waren.

Notwendigkeit der Anwendung sensibilisierter Platten.

Gegen die Anwendung dreier verschiedener Trockenplatten für die Dreifarben-Teilbilder sind nun gewichtige Bedenken geltend zu machen. Soll die Analyse der Farben in den drei Teilbildern richtig sein, bezw. sollen die in den Teilbildern niedergelegten photochemischen Wirkungen der Grundfarben der faktischen Mischung

Bedenken gegen die Anwendung dreier verschieden sensibilisierter Platten.

der Grundfarben zu den vorhandenen Mischfarben entsprechen, so müssen die drei Negative offenbar genau den gleichen Charakter haben, die drei Platten müssen sich also bei der Entwicklung vollkommen gleich verhalten. Dies läßt sich nun, selbst wenn man dieselbe Emulsion zur Sensibilisierung benutzt, nicht erreichen. Eine längst bekannte Erfahrung lehrt, daß die speziell zur Grünsensibilisierung benutzten Eosine die Platten klar und kräftig arbeitend machen, während das für die Rotsensibilisierung in erster Linie brauchbare Cyanin den Platten einen flauen, ja schleierigen Charakter verleiht. Wenn man daher für die drei Teilbilder drei verschieden sensibilisierte Platten anwendet, so wird man erwarten müssen, daß die Negative keine richtige Registrierung der Grundfarbenanteile ergeben, da dieselben selbst bei vollkommen gleicher Nachbehandlung in der Entwicklung verschieden kräftige Bilder von verschiedenem Charakter liefern müssen. Ich habe daher den Grundsatz aufgestellt und verfochten, daß für die drei Teilbilder einer Dreifarbenaufnahme unter allen Umständen gleichartiges Plattenmaterial benutzt werden muß, und daß daher panchromatische Platten — für die Aufnahme nach der Natur also panchromatische Bromsilbergelatine-Trockenplatten — in Frage kommen.

Panchromatische Azalinplatte nach Vogel. Der beste früher bekannte Sensibilisator zur Erzeugung panchromatischer Platten war das von Vogel zuerst empfohlene Azalin, eine Mischung von 10 Teilen Chinolinrot mit einem Teil Cyanin in passender Verdünnung. Mit dieser Mischung können nach den später zu beschreibenden Bademethoden recht gute panchromatische Platten hergestellt werden, die allerdings eine verhältnismäßig schwache Wirkung in Blaugrün geben, ziemlich lange Rotexpositionen erfordern, überhaupt verhältnismäßig unempfindlich sind und stets frisch hergestellt werden müssen, da ihre Haltbarkeit eine beschränkte ist. Die ersten Untersuchungen zur Herstellung panchromatischer Badeplatten habe ich, vom **Azalin** ausgehend, angestellt, und konnte bald konstatieren, daß die Haltbarkeit von Azalinplatten wesentlich steigt, wenn die Platten nach dem Baden zunächst ausgewaschen und erst dann getrocknet werden. Das Prinzip des Auswaschens der Sensibilisatoren nach dem Baden, welches schon früher gelegentlich empfohlen war, hat sich seitdem bei uns als ein äußerst wertvolles erwiesen, und man kann ganz allgemein sagen, daß hierdurch die Haltbarkeit aller farbenempfindlichen Badeplatten wesentlich gesteigert wird. Dies gilt allerdings nur von Bromsilberplatten; von Chlorsilberplatten ist das gleiche nicht zu behaupten.

<small>Wert des nachträglichen Auswaschens der sensibilisierten Platte.</small>

Um den **Vogel**schen Azalinplatten ihre Neigung zur Schleierbildung und die durch die Sensibilisierung mit Azalin bewirkte starke Herabsetzung der Gesamtempfindlichkeit zu benehmen, habe ich viele Experimente angestellt und schließlich eine Methode gefunden, die unter Anlehnung an die **Vogel**sche Vorschrift wesentlich bessere Resultate ergibt und mit deren Hilfe man für Dreifarben-Synthese geeignete Platten mit bekannten Sensibilisatoren herstellen kann. Es wird bei dieser Methode als Zusatz zum Azalin ein Sensibilisator benutzt, der zuerst von **Valenta** aufgefunden wurde, das sogen. Glycinrot, welches die merkwürdige Eigenschaft hat, in Verbindung mit dem Azalin den Platten größere Klarheit und Gesamtempfindlichkeit zu geben, vor allen Dingen aber die Grünblauempfindlichkeit zu erhöhen. Die beste Vorschrift zur Erzeugung derartiger Badeplatten ist die folgende. Je 1 g Glycinrot (**Kinzelberger** in Prag; **Bayer**, Elberfeld), Chinolinrot (A.-G. für Anilinfabrikation) und Cyanin (A.-G. für Anilinfabrikation) werden getrennt in je 500 ccm heißen Alkohols gelöst, die Lösung von dem etwa ver-

<small>Verbesserte Azalin-Glycinrotplatte nach Miethe.</small>

<small>Herstellung derselben.</small>

bleibenden Rest des Farbstoffes durch Filtrieren getrennt und im Dunkeln aufbewahrt. Das Glycinrot löst sich nur teilweise in der angegebenen Menge Alkohols; doch empfiehlt es sich nicht, die Lösung verdünnter anzusetzen. Das Cyanin des Handels ist trotz seines schönen Aussehens verhältnismäßig unrein. Es kann durch wiederholtes Umkristallisieren aus heißem Alkohol mit großem Vorteil gereinigt werden. Hierdurch vermeidet man bei der Herstellung von Badeplatten Schlieren und unregelmäßige Sensibilisierungen. Der gebrauchsfertige Sensibilisator wird folgendermaßen hergestellt. Man mischt in einem Becherglase 20 ccm Glycinrot- und 20 ccm Chinolinrotlösung, fügt 100 ccm Wasser und 50 ccm starken Alkohol hinzu und überläßt die Flüssigkeit einige Stunden der Ruhe. Es entsteht ein voluminöser bräunlicher Niederschlag, der sich im allgemeinen nach dieser Zeit genügend zusammengeballt hat. Die Lösung wird filtriert und eventuell nach einigen Stunden noch einmal filtriert, falls sich weitere kleine Mengen der braunen Substanz gebildet haben sollten. Man setzt hierauf der fertigen klaren Lösung 1 ccm der Cyaninvorratslösung hinzu, verdünnt das entstandene Bad mit 200 ccm Wasser und 100 ccm Alkohol und setzt zum Schluß noch einmal 1 ccm Cyaninlösung hinzu. Das richtig angesetzte Bad ist violettrot gefärbt und vollständig klar. Es darf nur im Dunkeln aufbewahrt werden, hält sich aber dann ziemlich lange.

Ist das destillierte Wasser, welches zur Ansetzung benutzt wurde, sehr kohlensäurehaltig, so nimmt die Lösung nach einigen Stunden einen mehr rein roten Ton an, weil das Cyanin entfärbt wird. Einige Tropfen Ammoniak stellen die ursprüngliche Farbe her. Zum Gebrauch setzt man dieser Farbstofflösung auf je 200 ccm 1 ccm starken Ammoniak zu.

Das Baden der Platten in dieser Lösung geschieht am besten in einer Schale aus Porzellan, die vorher sorgfältig mit Salpetersäure gereinigt sein muß, und zwar durch 2 Minuten langes Baden unter fortdauerndem Schwenken und darauffolgendes Wässern. Gewässert werden die Platten liegend in fließendem gewöhnlichen Wasser. Nach 2 Minuten nimmt man die Platten heraus und spült sie mit destilliertem Wasser ab, worauf sie sofort in den Trockenschrank kommen. Die ganze Arbeit geschieht in absoluter Dunkelheit.

Die Haltbarkeit der so gewonnenen Platten ist eine recht gute; zum mindesten sind dieselben bei trockener Aufbewahrung, Glas gegen Schicht verpackt, 3 bis 4 Monate haltbar. — Es muß hier gleich bemerkt werden, daß sich bei allen farbenempfindlichen Platten, auf deren Haltbarkeit größeres Gewicht gelegt wird, das Verpacken Schicht auf Schicht weniger bewährt als das Verpacken Glas auf Schicht. Einmal nämlich ist beim Verpacken Glas auf Schicht der Luftabschluß ein besserer, weil die Platten auf der Hohlseite gegossen sind und daher die Schichtseite auf die Glasseite stets besser paßt, als Schichtseite auf Schichtseite. Zweitens aber ist bei längerem Transport von Platten bei der Verpackung von Schicht auf Schicht stets zu befürchten, daß die Platten sich gegenseitig reiben und dann Druck- und Kratzflecke zeigen. Alle diese Übelstände werden vermieden, wenn Glas auf Schicht gepackt wird.

Verpackung farbenempfindlicher Platten.

Die nach der verbesserten Azalinmethode hergestellten Badeplatten sind von mir im Anfang vielfach für Naturaufnahmen benutzt worden. Immerhin war die Expositionszeit für das Rotbild noch verhältnismäßig lang, und eine Verminderung derselben erschien mehr als wünschenswert. Zudem gelang es auch nicht, mit der genannten Mischung Platten in der Emulsion besonders haltbar anzufärben; die Platten zeigten überhaupt, besonders bei Emulsionsfärbung, eine Neigung zu flauem Arbeiten. Es wurden daher von mir, gemeinsam mit meinem damaligen Assistenten Dr. Traube, planmäßige Versuche im Winter 1901 auf 1902 unternommen, um zu einer besseren Sensibilisierungsmethode zu gelangen. Eine große Reihe von Farbstoffen und Farbstoffgemischen wurden untersucht und dabei die Tatsache erkannt, daß viele Farbstoffe in einer überraschenden Weise ihre Sensibilisierungseigenschaften, je nach dem Grade ihrer Reinheit, ändern, und daher der Beschluß gefaßt, alle Sensibilisatoren möglichst selbstpräparativ herzustellen. Aus der großen Reihe von Untersuchungen ging mit Sicherheit hervor, daß keiner der bekannten Sensibilisatoren auch nur entfernt die Rotempfindlichkeit des Cyanins besaß, und es konnte im allgemeinen die Erfahrung abgeleitet werden, daß eine kräftige Sensibilisierung um so schwieriger zu erreichen ist, je weiter die Sensibilisierungszone spektral von der eigenen Empfindlichkeitszone des Bromsilbers entfernt ist. Die Ausnahmestellung des Cyanins legte den Gedanken nahe, Homologe desselben herzustellen, die dessen gute Eigenschaften teilten, ohne die unangenehmen — schlechte Wasserlöslichkeit und Schleierneigung — zu besitzen. Die Versuche erstreckten sich in erster Linie auf Homologe des Cyanins, d. h. Lepidin-Chinolin-Alkylate. Bei dem Versuch, das Lepidin durch Chinaldin zu ersetzen, wurden rotblaue Farbstoffe gewonnen, die, wie sich später herausstellte, bereits früher von Spalteholz hergestellt und von ihm als Isocyanine bezeichnet waren. Obwohl diese Körper bekannt und auch wohl gelegentlich auf ihre Sensibilisierung untersucht waren, sind ihre merkwürdigen Eigenschaften früher doch nicht erkannt worden, höchstwahrscheinlich deshalb, weil auch bei diesen Körpern, deren vollständige Reinigung trotz ihrer großen Kristallisationsfähigkeit schwer gelingt, das Sensibilisierungsvermögen mit der Reinheit in außerordentlich nahem Zusammenhang steht; vielleicht auch deshalb, weil diese Körper erst, in besonders starken Verdünnungen angewendet, ihre volle charakteristische Eigentümlichkeit entwickeln. Wir stellten der Reihe nach die Homologen dieser Spaltebolzschen Körper dar und erkannten bald, daß Methyl- und Äthyl-Jod-Chinolin-Chinaldin-Isocyanin besonders wertvolle Eigenschaften besaßen. Die Körper charakterisieren sich sämtlich durch eine rotviolette Färbung in alkoholischer Lösung. Die Wasserlöslichkeit, die bei der Methyl- und Äthylverbindung eine sehr gute ist, wird bei den höheren Homologen schlechter. Das Spektrum sämtlicher homologer Farbstoffe ist äußerst ähnlich. Im Gegensatz zu Amyl-Lepidin-Cyanin, welches einen einzigen Absorptionsstreifen in alkoholischer Lösung bei 597 aufweist, besitzen die Isocyanine zwei Absorptionsstreifen, von denen der eine, und zwar der kräftigste, bei sämtlichen Farbstoffen nahezu konstante Lage hat und ungefähr bei 560 sein Maximum zeigt, während ein Seitenstreifen von nur wenig geringerer Intensität zwischen 517 und 522 gelegen ist. Der eine Absorptionsstreifen liegt daher im Gelbgrün, der zweite im Grün. *Spektrale Eigenschaften.*

Die Sensibilisierung, die sich unter günstigen Umständen mit diesen Farbstoffen erreichen läßt, übertrifft an Ausdehnung und Intensität bei weitem die aller vorher bekannten Farbstoffe und Farbstoffgemische und zeigt vor allen Dingen die bemerkenswerte Eigenschaft, daß durch bloße Anwendung eines dieser Körper die Bromsilber-Gelatineplatte für das gesamte sichtbare Spektrum außer seinen äußersten roten Teilen zwischen B und A empfindlich wird. Untereinander zeigen die Körper aber erhebliche Unterschiede. Während Äthyl- und Methyl-Isocyanin ein *Sensibilisierungswirkung der Isocyanine.*

verhältnismäßig geschlossenes Band über das gesamte Spektrum ergeben, aus welchen die beiden Sensibilisierungsmaxima sich nur flach hervorheben, während sich im blaugrünen Teil des Spektrums eine ebenfalls sehr flache Zone geringerer Wirksamkeit vorfindet, werden bei den höheren Homologen die Sensibilisierungsbänder deutlicher prononziert, und das Minimum im blaugrünen Teil des Spektrums tritt merklicher hervor. Zugleich nimmt die Sensibilisierung für Rot und Orange bei den höheren Homologen ihrer Intensität nach etwas ab, so daß diese Körper überhaupt als wesentlich schlechter wie die niederen anzusehen sind.

Eigenschaften des Methyl- und Äthyl-Isocyanins. Äthyl- und Methyl-Isocyanin stellen daher Körper dar, die bei richtiger Benutzung eine geradezu ideale Sensibilisierung von Bromsilbergelatine-Trockenplatten ermöglichen. Besonders vorteilhaft und für den praktischen Gebrauch wichtig ist die Tatsache, daß die Sensibilisierung nach dem roten Ende des Spektrums zu steil abfällt, so daß man trotz der hohen Orangeempfindlichkeit die Präparation der Platten noch bei genügend hellen, passend gewählten Dunkelkammerscheiben vornehmen kann und nicht auf das Baden in absoluter Dunkelheit angewiesen ist.

Äthylrot; Unterschied gegen Methylrot. Methyl- und Äthylrot, wie wir diese Körper für photographische Zwecke genannt haben, sind aber in einem wesentlichen Punkte erheblich verschieden. Während Äthylrot bei richtiger Anwendung vollkommen schleierfreie Platten liefert, ist dies mit Methylrot nicht zu erreichen. Selbst bei sorgfältigster Reinigung zeigt sich beim Anfärben mit Methylrot stets, wenigstens bei hochempfindlichen Platten, eine gewisse Schleierneigung, die die praktische Verwendung dieses im übrigen vortrefflichen Sensibilisators erheblich erschwert. Wir haben daher bei unseren Arbeiten später ausschließlich das Äthylrot benutzt. Der Versuch, verschiedene Alkyle in einem

Farbstoff zu verwenden, beispielsweise durch Herstellung von Äthyl-Methyl-Chinolin-Chinaldin-Isocyanin oder von Methyl-Hexyl-Chinolin-Chinaldin-Isocyanin bringt keine greifbaren Vorteile.

Später sind von den Höchster Farbwerken andere Isocyanine für Sensibilisierungszwecke, das sogen. Orthochrom, in den Handel gebracht worden. Das Orthochrom ist ein im Kern substituiertes Homologes des Äthylrots, und zwar Para-Tolu-Chinolin-Chinaldin-Äthyl-Isocyanin. Der Körper ist ebenfalls ein vortrefflicher Sensibilisator, dessen Sensibilisierung sich im roten Ende des Spektrums weiter erstreckt als die des Äthylrots; dagegen ähnelt dieser Körper dem Methylrot in seiner Neigung, Schleier zu erzeugen und läßt sich bei tiefrotem Licht weniger gut handhaben, was mir ebenfalls von praktischer Bedeutung erscheint. Sehr gute sensibilisierende Wirkungen zeigt besonders das Pinachrom, dessen Wirkung sich weit in das Rot hinein erstreckt. Besonders mit der gleichen Menge Äthylrot gemischt, ergibt sich eine hervorragend gute panchromatische Wirkung und keine störende Schleierneigung.
Orthochrom, Pinachrom u. s. w.

Weiter fanden wir, daß sich durch Substitutionen des Jods in den Isocyaninen durch andere einwertige Komplexe die zuerst von Babo entdeckten Farbstoffe, die er Irisine nennt, mit leichter Mühe photochemisch rein darstellen lassen. Besonders das Nitrat des Äthylrots ist durch seine große Kristallisationsfähigkeit und außerordentlich große Wasserlöslichkeit hervorragend und stellt einen äußerst klar arbeitenden, kräftig sensibilisierenden und in seiner Sensibilisierungskurve scharf abschneidenden Körper von praktisch hohem Wert dar. Die Substanz kann ganz ähnlich wie Äthylrot benutzt werden, gibt auch, diesem ähnlich, äußerst hochempfindliche und noch klarer arbeitende Platten von vorzüglichem Charakter. Die Expositionszeit für Rot kann bei
Irisine.

Anwendung dieses Körpers noch weiter herabgesetzt werden und auch Emulsionen, welche sich zum Anfärben mit Äthylrot nicht eignen, geben mit diesem Farbstoff tadellose Resultate.

Praktische Herstellung von Äthylrot-Badeplatten.

Die Herstellung von Badeplatten mittels Äthylrot oder Äthylrotgemischen wird von uns in folgender Weise ausgeführt. Sie bietet praktisch keinerlei Schwierigkeiten und die gewonnenen Platten sind viele Monate lang unverändert haltbar. Das Resultat hängt aber wesentlich von der genauen Einhaltung des nachstehend beschriebenen Arbeitsganges ab Als Ausgangslösung dient eine Lösung des käuflichen Äthylrots in starkem Alkohol, und zwar löst man 1 g des Farbstoffes (Böhringer, Mannheim) in 500 ccm siedenden Alkohols auf und filtriert. Der Farbstoff ist rückstandlos löslich, und die alkoholische Lösung hält sich nach Zusatz einiger Tropfen Ammoniak im Dunkeln beliebig lange. Zum Gebrauch verdünnt man die Vorratslösung mit 100 mal soviel destilliertem Wasser, so daß die Badelösung die Konzentration 1 : 50000 besitzt. Man fügt der Lösung per Liter 3 bis 5 ccm starken Ammoniak hinzu und bewahrt dieselbe in wohlverschlossener Flasche im Dunkeln auf. Frische Lösungen geben gelegentlich Schlieren beim Baden, während Lösungen, die einige Tage bereits gestanden haben und deren Oberfläche mittels eines Blattes Schreibpapier sorgfältig abgeschäumt wurde, diese Erscheinung niemals zeigen. Das Baden wird bei dem später zu beschreibenden Licht oder auch, was sich leicht ausführen läßt, im Dunkeln vorgenommen, indem man die Farbstofflösung in eine reine Glasschale in genügender Menge gießt und die Platten in der üblichen Weise unter fortwährendem Bewegen 120 Sekunden lang darin beläßt. Hierauf wird in fließendem Wasser ebensolange, oder noch besser, 3 Minuten lang gespült und möglichst schnell getrocknet.

Ich gehe jetzt dazu über, die Methode zu beschreiben, **Herstellung größerer Quantitäten von Badeplatten.** welche ich zur Herstellung größerer Mengen von Badeplatten von vollkommen gleichmäßiger Qualität erprobt gefunden habe. Wenn man die Platten einzeln, wie eben beschrieben, durch Baden in der Schale herstellt, so ergeben sich stets kleine Unterschiede in der Farbenempfindlichkeit derselben, Unterschiede, die allerdings vielfach kaum merklich sind. Außerdem ist die Operation ziemlich zeitraubend und erfordert große Aufmerksamkeit.

Ferner ist das Trocknen von dem allergrößten **Einfluß des Trocknens** Einfluß auf das Resultat. Langsam getrocknete Platten sind weniger farbenempfindlich und weniger haltbar, auch weniger klar als schnell getrocknete Platten. Es ist daher zweckmäßig, Einrichtungen zu treffen, um das Trocknen stets in derselben Zeit bewirken zu können. Hierdurch erhält man ein stets gleichmäßiges, tadelfreies Fabrikat.

Das Baden der Platten nehme ich in einem Trog derartig vor, **Badetrog.** daß eine Anzahl von Platten, bei-

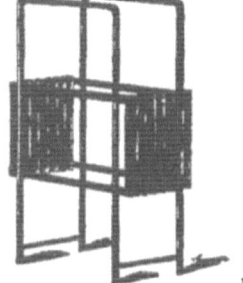

Fig. 1. Bade-Apparat.

spielsweise sechs, nebeneinander gleichzeitig sensibilisiert werden. Zu diesem Zweck bediene ich mich des nebenstehend abgebildeten Sensibilisierungsapparates. Derselbe besteht aus einem Drahtgestell von passender Größe, am besten aus Reinnickel, zwischen dessen Rahmen Nuten zur Aufnahme der einzelnen Platten angebracht sind. Die Nuten haben eine solche Breite, daß zwischen den Platten ein Raum von etwa 1 cm bleibt. Die Platten werden zweckmäßig sämtlich mit der Schicht nach einer Richtung bei gewöhnlichem roten Licht in das vorher sauber gereinigte und getrocknete Gestell eingesetzt und gemeinsam in die Sensibilisierungsflüssigkeit eingetaucht. Die Sensibilisierungsflüssigkeit befindet sich dabei in einem Glastrog von passenden Dimensionen. Derartige Glaströge, wie sie für Akkumulatorenkästen allgemein im Gebrauch sind, sind in jeder Handlung elektrotechnischer Artikel in beliebigem Format zu haben. Am haltbarsten und praktischsten sind die leichten, fußlos geblasenen Tröge dieser Art. Zur Bestimmung der Badezeit, deren gleichmäßige Innehaltung von Wichtigkeit ist, bedienen wir uns einer einfachen Weckuhr, wie dieselbe unter dem Namen Telephonuhr überall erhältlich ist. Die Uhr kann auf 2, 3 oder 4 Minuten eingestellt werden und gibt nach Ablauf dieser Zeit ein Glockensignal. Die Platten werden schnell in das Gefäß eingesenkt, sechs- bis achtmal auf- und niederbewegt und dann ruhig in der Badeflüssigkeit belassen. Nach 2 oder 3 Minuten — für die meisten Plattensorten genügen 2 Minuten Badezeit vollständig — werden die Platten schnell herausgehoben und gewässert. Das Wässern geschieht in einem vollkommen gleichen Troge aus Glas unter Zufluß eines starken Strahls reinen Wassers. An das Waschwasser ist nur eine Forderung zu stellen, nämlich daß dasselbe keine saure Reaktion zeigt. Bei diesem Verdacht oder bei einem sehr hohen Kohlensäuregehalt desselben empfiehlt es sich, die Platten nach beendeter Wässerung noch für wenige Sekunden in einen Trog mit Ammoniak 1:5000 in wässeriger Lösung einzutauchen. Hierauf wird sofort zum Trocknen der Platten geschritten.

Mit 1 g Äthylrot können sicher und gleichmäßig 10 qm Bromsilberplatten präpariert werden.

Einfluß des Trocknens im allgemeinen. Von bedeutendem Einfluß auf die Qualität der fertigen Badeplatte ist der Modus des Trocknens. Hiervon kann man sich leicht durch einfache Versuche überzeugen. Stellt man sich beispielsweise eine Erythrosin-Badeplatte her, indem man wie üblich sensibilisiert und auswäscht, und überläßt diese Platte in einem dunklen Raum dem freiwilligen Trocknen, während man eine gleiche Platte bei künstlichem Zug und mit vorgewärmter Luft trocknet, so findet man dreierlei Unterschiede zwischen ihnen. Einmal ist die freiwillig getrocknete Platte wesentlich weniger farbenempfindlich. Das Verhältnis zwischen der Sensibilisierungswirkung und der Originalempfindlichkeit des Bromsilbers ist für erstere ungünstig. Die Platte zeigt zweitens eine überhaupt verminderte Empfindlichkeit, d. h. die Summe der entwickelbaren Lichteindrücke ist geringer als die der beschleunigt getrockneten Platte. Schließlich, und das ist die Hauptsache, zeigt die langsam getrocknete Platte einen anderen Charakter. Sie arbeitet flauer, unter Umständen auch schleieriger und schlechter graduiert. Der Unterschied zwischen schnell und langsam getrockneten Platten ist nun bei den einzelnen Sensibilisatoren verschieden; bei manchen ist der Vorteil der schnell getrockneten Platte erheblich, bei anderen weniger auffallend. Starke Unterschiede in der Sensibilisierungswirkung zeigen sich besonders bei den Isocyaninen. Eine Äthylrotplatte, die man in der Dunkelkammer freistehend in 6 bis 10 Stunden getrocknet hat, zeigt verhältnismäßig sehr ungünstige Eigenschaften. Die Platte schleiert, die Sensibilisierungskurve ist **weniger geschlossen** und überhaupt weniger hoch, und vor allem ist der Charakter der Platte ein flauer. Ferner bilden sich alle möglichen Fehler aus, in erster Linie schlierenartige Streifen, weiße Punkte und unregelmäßige Zonen der Sensibilisierung. Alles dies läßt sich leicht vermeiden, wenn die richtigen Vorkehrungen für die Trocknung getroffen werden. *Das Trocknen von mit Äthylrot gebadeten Platten.*

Man kann selbst mit einfachen Mitteln ein schnelles und sicheres Trocknen der Badeplatten erreichen. Der künstliche Zug, der sich durch eine brennende Lampe erzielen läßt, genügt zur Trocknung kleiner Posten sensibilisierter Platten vollständig. Für größere Plattenmengen sind etwas kompliziertere Vorrichtungen not- *Einfache Trockenvorrichtung mit künstlichem Zuge.*

wendig, die zugleich den Vorteil bieten, erheblich schneller zu arbeiten und daher noch bessere Badeplatten liefern.

Die denkbar einfachste Vorrichtung ist etwa folgende. Ein Holzkasten nach Art eines kleineren Wandschrankes ist mit einem doppelten Boden versehen. Dieser doppelte Boden dient dazu, um die Außenluft ohne Lichtzutritt in den Schrank zu führen und zu gleicher Zeit entsprechend zu erwärmen. Es wird dies dadurch bewirkt, daß eine kleine Lampe unter den aus dünnem Kupferblech bestehenden unteren Boden des Schrankes gestellt wird, über welchen die Luft, ehe sie in den Schrank eintritt, streichen muß.

Die in den Schrank von unten eintretende Luft wird aus seinem oberen Teile durch ein aufgesetztes Rohr abgesaugt. Dieses Rohr ist mehrmals geknickt und enthält eine zweite Lampe, durch deren Brennen ein kräftiger Luftstrom durch den Schrank hindurchgesaugt wird, während die Abgase durch ein nicht zu enges Rohr aus der Dunkelkammer geführt werden. Diese kleine Vorrichtung, die sich jeder mit geringen Kosten selbst beschaffen kann, entspricht, wie gesagt, ihrem Zweck wesentlich, wenn sie auch, in größeren Dimensionen ausgeführt, nicht mehr genügend funktioniert und nur mit Vorteil angewendet werden bann, wenn eine kleine Anzahl von Platten sensibilisiert werden soll.

Trockenschrank mit Ventilation. Eine wesentlich vollkommenere Einrichtung zur Sensibilisierung größerer Plattenmengen ist durch unsere beistehende Fig. 2 gegeben. Die Platten werden hier in starkem künstlichen Zug ohne Luftvorwärmung getrocknet, und es funktioniert bei nicht allzu schwülem Wetter eine solche Einrichtung tadellos, selbst wenn größere Mengen Platten hergestellt werden sollen. Der Trockenschrank (Fig. 2) steht auf Füßen[1] und ist aus

---

[1] Tischlermeister Bermpohl, Berlin N., Kesselstraße 9.

einem Holzrahmenwerk hergestellt, das, mit Zinkblech ausgeschlagen, nach Schließen der doppelt gefalzten Tür absolute Lichtdichtheit des Schrankinnern gewährt. Die Herstellung der Füllung aus Blech bietet Holz gegenüber den Vorteil dar, daß nicht durch Risse Lichtundichtigkeiten verursacht werden können.

Die Ventilation des Schrankes wird durch einen elektrischen Ventilator besorgt, der einen äußerst energischen, kräftigen Luftstrom durch das Schrankinnere hindurchsaugt. Ein Ventilator von $1/_{16}$ Pferdekraft ist vollkommen genügend. Die Siemens-Schuckert-Werke liefern derartige Ventilatoren zum Preise von 50 bis 60 Mk. Der Ventilator ist in ein passendes Metallgehäuse eingebaut, so daß seine saugende Kraft möglichst vollkommen ausgenutzt

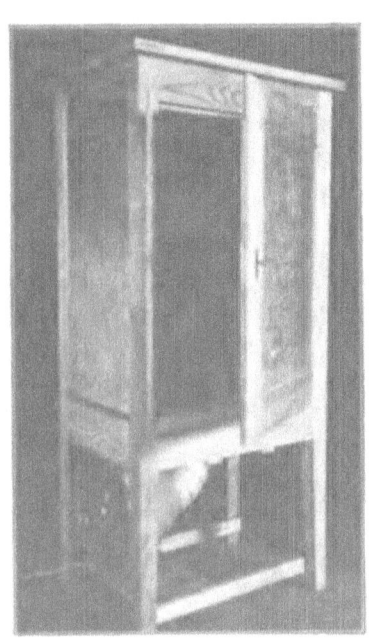

Fig. 2.

wird. Die Luftzuführung erfolgt durch lichtdichte Kanäle, die von obenher die Luft in den Schrank hineintreten lassen. Da sich leicht im Innern des Schrankes die Luft bestimmte Wege sucht und einzelne Platten nicht bespült, empfiehlt es sich, die Platten auf einem Negativständer aufzustellen, der auf einer rostartigen Vorrichtung inmitten des Schrankes Platz findet. Um zu verhindern, daß das Innere des Schrankes durch abtropfende Farbstofflösung verunreinigt wird, habe ich die Plattenständer mit einer Rinne versehen lassen, in welcher sich etwa abtropfende Flüssigkeit ansammelt und auf diese Weise den Schrank nicht beschmutzen kann. Ist man gezwungen, in Räumen mit sehr staubhaltiger Luft Platten zu trocknen, so empfiehlt es sich, im Innern des Trockenschrankes ein Staubfilter anzubringen. Dies besteht aus zwei in den Oberteilen des Schrankes eingepaßten horizontalen Drahtgazerahmen, zwischen die entweder Müllergaze oder besser eine dünne Schicht ungeleimter Watte eingelegt werden kann. Der Zug wird dadurch natürlich erheblich vermindert.

Trockenschrank mit Ventilator und Lufttrocknungsvorrichtung. Der vorbeschriebene Schrank wird wohl für die meisten Fälle genügen, selbst in größeren Betrieben die nötige Anzahl farbenempfindlicher Platten laufend herzustellen. Will man jedoch größere Posten von Farbenplatten im Vorrat machen, was wegen der dadurch erzielbaren Gleichmäßigkeit des Fabrikates seine Vorteile hat, so empfiehlt sich die nachstehend kurz beschriebene Trocknungseinrichtung, die ich mir habe herstellen lassen, um unabhängig von Wetter und Temperatur und vor allen Dingen unabhängig vom Feuchtigkeitsgehalt der Luft stets gleichmäßige Badeplatten erzielen zu können.

Die Vorrichtung ist etwas komplizierter, bietet aber die Möglichkeit, Badeplatten in 20 bis 24 Minuten trocken zu haben, was vor allen Dingen bei Spektralversuchen äußerst bequem ist. Ferner ist es möglich, in diesem Schrank $1^1/_2$ bis 2 Dutzend Badeplatten größeren Formats in längstens 1 bis $1^1/_2$ Stunden gebrauchsfertig trocken zu haben. Wie im einzelnen die Anordnung einer solchen Trockenvorrichtung zu wählen ist, hängt von den verfügbaren Lokalitäten ab. Ich beschreibe daher nur das von mir benutzte Prinzip, welches sich in sehr verschiedene Ausführungsformen kleiden läßt. Die Luft, die aus einem staubfreien Raum angesaugt wird, wird zunächst auf eine bestimmte Temperatur abgekühlt, um ihr einen gegebenen

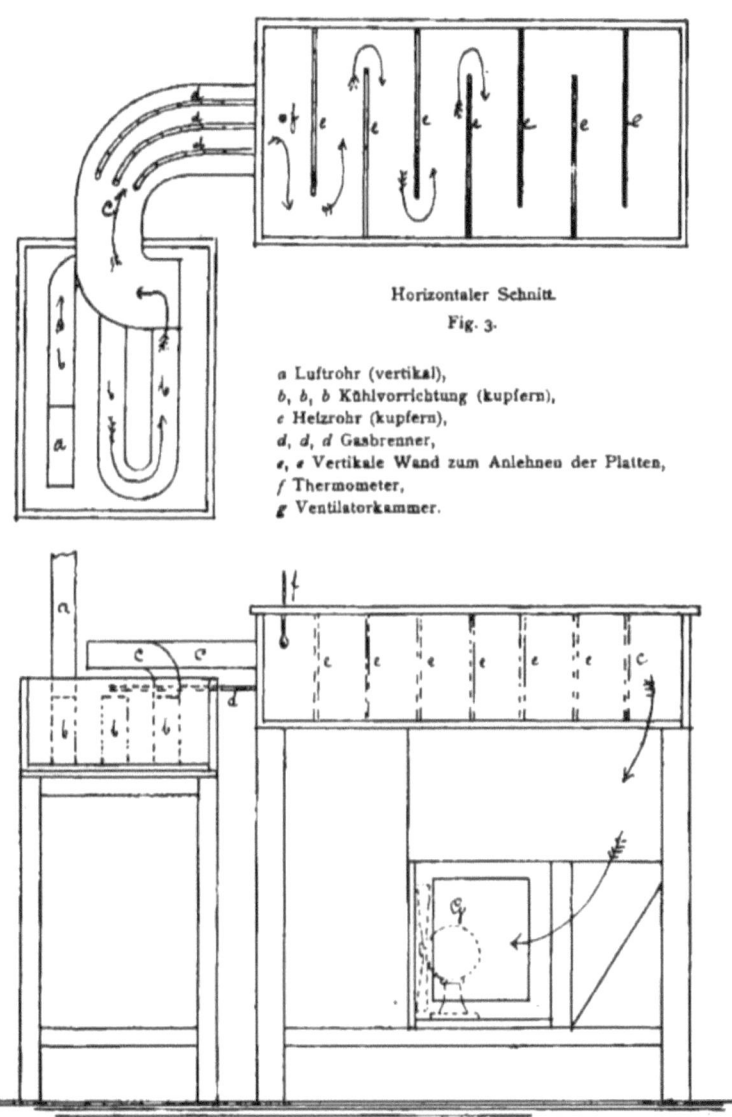

Horizontaler Schnitt.
Fig. 3.

a Luftrohr (vertikal),
b, b, b Kühlvorrichtung (kupfern),
c Heizrohr (kupfern),
d, d, d Gasbrenner,
e, e Vertikale Wand zum Anlehnen der Platten,
f Thermometer,
g Ventilatorkammer.

Vertikaler Schnitt.
Fig. 4. Großer Trockenschrank mit Luftvorwärmung.

ein für allemal konstanten Feuchtigkeitsgehalt zu lassen. Dies ist wichtig, weil man dadurch mit der Trocknungszeit, außer vielleicht an einigen besonders trockenen Wintertagen, ein für allemal unabhängig vom Wetter wird. Nachdem die Luft auf diese Weise abgekühlt ist und einen entsprechenden Teil ihrer Feuchtigkeit verloren hat, gelangt dieselbe in eine Wärmschlange, die den Zweck hat, die Luft bis zu einer erwünschten Temperatur vorzuwärmen. Die so getrocknete und vorgewärmte Luft streicht nun über die Badeplatten in gleichmäßig starkem Strom, der durch einen am anderen Ende des Schrankes angebrachten Ventilator unterhalten wird.

Ausführungsform. Die von mir gewählte Ausführungsform des Apparates ist folgende. Die Luft wird durch ein viereckiges Zinkrohr von 10×20 cm Querschnitt aus einem sonst nicht benutzten trockenen Raum geschöpft, der genügend groß ist, so daß die von außen eindringende Luft Zeit hat, ihren Staub abzusetzen. Aus dem Ansaugerohr tritt die Luft in die Kühlvorrichtung. Dieselbe besteht aus einem S-förmig zusammengelegten Kupferrohr von ebenfalls rechteckigem Querschnitt, dessen sämtliche Flächen durch Wasserbrausen berieselt werden können. Beim Durchstreichen der Luft durch diese Kühlvorrichtung wird dieselbe nahe auf die Temperatur des Kühlwassers gebracht. Da unser Kühlwasser eine Temperatur von 11 bis 13 Grad hat, so erreicht die gekühlte Luft auch im Sommer die Temperatur von höchstens 15 Grad C. und ist also im ungünstigen Fall bei dieser Temperatur mit Feuchtigkeit gesättigt. Das sich in der Kühlschlange kondensierende Wasser kann durch eine Ablaßvorrichtung entfernt werden. Aus der Kühlschlange tritt die Luft nun in die Wärmevorrichtung, ein ebenfalls kupfernes, genietetes Rohr von genügender Länge, welches durch ein System darunter angebrachter Gasflämmchen passend erwärmt wird. Direkt aus der Heizvorrichtung strömt die Luft in den Trockenschrank, wobei sie über die vertikal gestellten Platten in horizontaler Richtung derartig fortstreicht, daß sie durch Querwände im Schrank gezwungen wird, sämtliche Plattenflächen zu bestreichen. Die ganze Luftzirkulation wird dann durch einen elektrischen Ventilator unterhalten, der einen äußerst intensiven Luftstrom erzeugt.

Die Temperatur, welche zum Trocknen der Platte am geeignetsten ist, muß durch Versuche ermittelt werden. Bei zu niedriger Temperatur geht das Trocknen unnütz langsam vor sich, zu hohe Temperaturen bewirken ein Abschmelzen der nassen Gelatineschicht. Ich verfahre stets so, daß ich zuerst den Schrank durch Hindurchstreichenlassen vorgewärmter Luft entsprechend anwärme, dann die gebadeten und gewässerten Platten hineinbringe, Ventilator, Wasserkühlung und Heizung anstelle und die Flamme so reguliere, daß die Temperatur 32 bis 33 Grad C. im Schrank beträgt. Nach 15 Minuten wird die Temperatur auf 35 Grad C. gesteigert und so belassen, bis der Trocknungsprozeß vollendet ist. Es ist ohne jeden Schaden, wenn man die Platten länger dem heißen Luftstrom aussetzt. Wir trocknen im allgemeinen 1 bis 1^1/$_2$ Stunden. Die Platten werden dann sofort in noch warmem Zustand verpackt, bezw. in Formate geschnitten.

Trockentemperatur.

Die Herstellung von Badeplatten ist immerhin mit einigen Unbequemlichkeiten verknüpft, und zwar ist die Erzeugung einer guten gleichmäßigen Platte an peinliche Sauberkeit, genaue Dosierung der Farbstoffe und Befolgung der gegebenen Vorschrift gebunden. Besonders für den Amateur ist es daher von großer Wichtigkeit, in der Emulsion gefärbte haltbare Platten zu besitzen, die fertig gekauft werden können. Dies ist durch die Perutzschen Perchromoplatten ermöglicht, die nach unseren Angaben mittels einer mit Äthylrot angefärbten Emulsion erzeugt werden. Die Platte besitzt fast die

Perchromoplatten.

Farbenempfindlichkeit der Badeplatte. Das Expositionszeitverhältnis ist allerdings ein klein wenig ungünstiger für Rot, praktisch aber vollkommen zufriedenstellend. Ein besonderer Vorzug dieser Emulsionsplatte ist ihre absolute Glasklarheit, in welcher Eigenschaft sie die besten Erythrosinplatten mindestens erreicht und ihre scheinbar unbegrenzte Haltbarkeit. Ich habe wiederholt Emulsionsproben von diesen Platten lange Zeit aufbewahrt. Die älteste derselben wurde nach 15 Monaten verarbeitet, während welcher Zeit sie in der Originalverpackung der Fabrik an einem feuchten Ort aufbewahrt worden war. Die Platte, die vom Mai des einen Jahres bis zum August des nächsten Jahres aufbewahrt worden war, zeigte sich in allen ihren Eigenschaften vollständig unverändert, speziell war von Randschleier oder Fleckenbildung nichts zu beobachten.

Ein weiterer Beweis für die Haltbarkeit der Platten ist dadurch erbracht worden, daß einer meiner Schüler dieselben zu einer Forschungsreise nach Brasilien mitgenommen, im Innern des Landes exponiert und nach der Rückkunft an der Küste entwickelt hat. Die Platten, welche in diesem Fall selbstverständlich tropenmäßig verpackt waren, haben auch diese Probe glänzend bestanden.

Auch andere Fabriken liefern jetzt gute panchromatische Bade- und Emulsionsplatten, die mit Isocyaninen sensibilisiert sind. Die Allgemeinempfindlichkeit und Farbenempfindlichkeit dieser Platten ist vielfach sehr gut, wenn auch manche Fabrikate (besonders Badeplatten) geringe oder größere Schleierneigung besitzen.

Über die Entwicklung und Behandlung der Badeplatten und der Perchromoplatten wird in einem späteren Abschnitt die Rede sein.

Kapitel 2.

Der Aufnahme-Apparat.

Die Aufgabe, die drei Teilbilder einer Naturfarben-aufnahme herzustellen, kann eine sehr verschiedenartige Lösung finden und hat eine solche auch bereits gefunden. Das Ideal würde natürlich die gleichzeitige Aufnahme der Teilbilder sein, um die Expositionszeit auf ein Minimum herabzudrücken. Bei der Empfindlichkeit der Äthylrotplatte würden unter diesen Umständen mit lichtstarken Objektiven auch Momentbilder ermöglicht werden. Jedenfalls könnten unter mittleren Umständen die Aufnahmezeiten selbst hinter dem Rotfilter auf $1/5$ bis $1/10$ Sekunde herabgedrückt werden.

Verschiedene Möglichkeiten der Aufnahme der Teilbilder.

Der nächstliegende Gedanke ist natürlich der, eine Kamera mit drei Objektiven zu bauen; doch würde eine solche Kamera nur für gewisse Zwecke Anwendung finden können, d. h. nur dann, wenn die parallaktische Verschiedenheit der drei Bilder nicht in Frage käme, also wenn es sich um Aufnahme weit entfernter oder ebener Objekte handelt. Mit einem solchen Apparat ist die Negativaufnahme, deren Reproduktion diesem Büchlein angefügt ist, vom Ballon aus aufgenommen. In anderen Fällen würde eine absolute strenge Kongruenz nicht erreicht werden können. Es würden vielmehr die Aufnahmen stereoskopische Verschiedenheiten, die die Deckung der Konturen verhindert, zeigen. Diese stereoskopischen Verschiedenheiten der drei Aufnahmen werden natürlich um so kleiner sein, je näher die Objektive einander stehen und je kürzer ihre Brennweite gewählt wird. Der Gedanke, das von einem Objektiv herrührende Büschel durch passende Prismen- und Spiegelkombinationen in drei räumlich getrennte Partialbüschel zu zerlegen, ist von anderer Seite (Hofmann) ausgeführt worden. Er kann aber ebenfalls zu einer befriedigenden

Teilung der ein Objektiv passierenden Lichtbündel.

Lösung nicht führen, da sich leicht zeigen läßt, daß unter diesen Umständen auch eine parallaktische Verschiedenheit der Bilder resultieren muß, während zugleich andere Mängel auftreten, die vor allen Dingen in der Verringerung der Lichtstärke und des Bildwinkels zu suchen sind. Will man unter Vernachlässigung kleiner parallaktischer Fehler arbeiten, was sich, wie ich gleich zeigen werde, tatsächlich verwirklichen läßt, so ist es viel vorteilhafter, drei einander möglichst genäherte Objektive zu benutzen, weil dadurch die Möglichkeit gegeben ist, die Lichtmenge der Teilbilder der Empfindlichkeit der Platte und den Filtern durch Blenden genau anzupassen. Eine Betrachtung zeigt, daß stereoskopische Verschiedenheiten in dem Maße weniger merkbar werden, als die Entfernung der Gegenstände von dem Objektiv zunimmt. Beschränkt man sich daher auf Objekte, die der Kamera nicht zu nah sind, und nimmt man die Distanz der Objektive klein, so läßt sich auf diesem Wege Ausreichendes erzielen. Stellt man die drei Objektive beispielsweise in einen gegenseitigen Achsabstand von 4 cm in die drei Ecken eines gleichseitigen Dreieckes, wählt die Brennweite von 7 bis 8 cm und sorgt dafür, daß der nächstabzubildende Gegenstand der Kamera nicht näher als 8 m liegt, so wird die stereoskopische Verschiedenheit der Bilder verschwindend gering. Kann man sich daher mit so kleinen Formaten begnügen, oder nimmt man die Wirkung doppelt reflektierender Prismen zu Hilfe, die allerdings die Anwendung einer einzigen Aufnahmeplatte erschweren, so läßt sich die gestellte Aufgabe wohl lösen. In den meisten Fällen aber wird man doch derartige kleine Plattenformate nicht wählen können.

Es bleibt aber noch ein anderer Weg, parallaxenfreie Bilder gleichzeitig aufzunehmen, nämlich die Anwendung von durchsichtigen Spiegeln zur Teilung der

Lichtbündel. Stellt man beispielsweise zwei um 90 Grad gegeneinander geneigte, auf einer senkrechten Graden sich schneidende Platten aus Spiegelglas so auf, daß die Linie zwischen Objekt und Plattenmitte von beiden Spiegeln unter 45 Grad geschnitten wird, so erhält man durch Oberflächenreflektion von den beiden Spiegelplatten und unter Benutzung des beide passierenden Lichtbüschels drei Partialbüschel, die durch drei hinter den Spiegeln angeordnete Objektive zu Bildern vereinigt werden können. Durch einen Kunstgriff kann man leicht die bei dieser Vorrichtung notwendigerweise auftretenden Doppelbilder unwirksam machen. Färbt man beispielsweise die Spiegelplatte *a* gelb, die Spiegelplatte *b* rot und bringt bei *c* ein Blaufilter, bei *d* ein Grünfilter an, so hat man eine Vorrichtung, die, wie man leicht sieht, frei von Doppelbildern sein muß. Ordnet man dann die drei Objektive O, O_I, O_{II} richtig an, so erhält man in deren Brennpunkten drei Teilbilder, deren Lichtstärke durch passende Abblendung der Einzelobjektive variiert werden kann. Man erhält dann auf den Platten P, P_I und P_{II} die gewünschten Teilaufnahmen, von denen allerdings zwei spiegelverkehrt und eine spiegelrichtig ist.

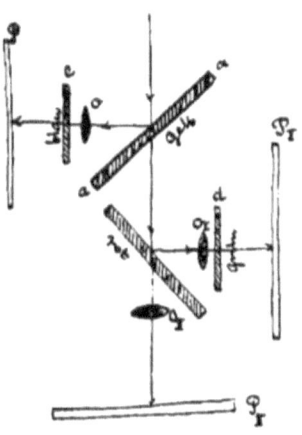

Fig. 5.
Einrichtung einer Spiegelkamera.

Ich habe tatsächlich Apparate dieser Ausführung gebaut und mich überzeugt, daß mit denselben gearbeitet werden kann. Der Lichtverlust aber und das große Volumen bei derartigen Apparaten machen die Benutzung in der Praxis zum mindesten recht unbequem.

Alternierendes Zustandekommen der Teilbilder.

Ein weiteres denkbares Mittel, um wenigstens das Nacheinander der Aufnahmen und die dadurch bedingten Schwierigkeiten zu verringern, könnte darin gefunden werden, daß man durch passende Vorrichtungen, die sich leicht erdenken lassen, die Bilder alternierend den drei Teilplatten zuführt, um so etwa vorkommende Bewegungen der Objekte bei allen drei Platten gleichartig zum Ausdruck zu bringen. Abgesehen von der Schwerfälligkeit dieser Einrichtungen lassen auch unvermeidliche Erschütterungen der damit ausgestatteten Kameras während der Aufnahme diese Lösung nicht gerade sehr lockend erscheinen.

Bei dem augenblicklichen Stand der Dinge, und wenn man die von Ducos du Hauron zuerst im Prinzip vorgeschlagene und von Joly ausgeführte Farbenstrichraster-Methode, sowie die vom Verfasser angegebene und dann von Lumière so glänzend verwirklichte Methode der Farbenkornraster hier bei Seite läßt, wird daher wohl bis auf weiteres die nacheinander vorzunehmende Aufnahme der Teilbilder als bester Weg angesehen werden müssen. Selbstverständlich wird man alles tun, um die Aufnahmen möglichst schnell und bequem hintereinander ausführen zu können, um die Wechselung der Platten möglichst momentan vorzunehmen und den ganzen Prozeß im Interesse der Sicherheit möglichst einfach zu gestalten. Man kann in der Beziehung vielleicht sogar so weit gehen, durch passende Vorrichtungen denselben automatisch zu gestalten, doch bin ich mit Rücksicht auf die Transportfähigkeit der Apparate und den sehr geringfügigen Vorteil, der hierdurch zu erreichen wäre, sowie die erhebliche Preissteigerung der fertigen Kamera hiervon wieder abgekommen, zumal die Bedienung einer gut konstruierten Kamera in dem von mir angedeuteten Sinne keinerlei Schwierigkeiten macht, da die Aufnahme sich unter passenden Versuchsbedingungen kaum schwieriger gestaltet als bei einer Schwarzkamera.

Für die Konstruktion des Farbenaufnahme-Apparates ist noch folgende Überlegung maßgebend. Sollen die drei Teilbilder einander vollkommen entsprechen, so ist ihre gleichzeitige Behandlung bei der Fertigstellung der Negative, d. h. gleichzeitige Entwicklung, Fixierung u. s. w. notwendig. Diese Arbeit läßt sich am leichtesten ausführen, wenn die drei Teilbilder auf der gleichen Platte nebeneinander aufgenommen werden, d. h. wenn man zur Aufnahme nur eine Glasplatte benutzt, die für die drei Teilbilder Platz gewährt. *Eine Aufnahmeplatte.*

Ausschlaggebend für das Volumen und das Gewicht und damit die Transportfähigkeit einer für Naturaufnahmen bestimmten Dreifarben-Kamera ist in erster Linie das Format der Platte. Mit Rücksicht auf die Wirkung der Bilder wird dasselbe nicht zu klein, mit Rücksicht auf das Gewicht der Apparatur nicht zu groß gewählt werden dürfen. Ich habe mich bei meinem Apparat entschlossen, den Teilaufnahmen das Format 8×9 cm zu geben, so daß der zur Aufnahme der drei Teilbilder dienende Plattenstreifen ein Format von 9×24 cm besitzt. Dies Format empfiehlt sich aus verschiedenen Gründen. Erstens ist die Größe der Negative, wie sich gezeigt hat, für alle Verwendungen, auch für die Herstellung ganz großer Gummidrucke, genügend, zweitens schließt sich dasselbe an die gangbaren Plattenformate in einfachster Weise an und schließlich ist Volumen und Gewicht des Aufnahme-Apparates hierbei noch sehr klein. Der ganze Aufnahme-Apparat ist bei passender Konstruktion dem Volumen nach nicht größer als eine der üblichen Reisekameras im Format 13×18 cm. Die Doppelkassette erreicht das Gewicht der bei diesen Apparaten üblichen Kassetten, und die Kamera läßt sich auf einen sehr kleinen Raum zusammenlegen. *Format der Platte.*

Aufnahme-Apparat nach Miethe. Die beifolgende Abbildung zeigt einen Aufnahme-Apparat nach meinem System. Die Kamera ist als Balgkamera konstruiert, und der Filterwechsel geschieht durch eine automatische, pneumatisch auslösbare Einrichtung, die den Wechsel der Filter in Bruchteilen einer Sekunde ermöglicht. Der Wechselschlitten ist vertikal angeordnet, wodurch das Bildformat quer wird, was für Naturaufnahmen in den meisten Fällen erwünscht ist.

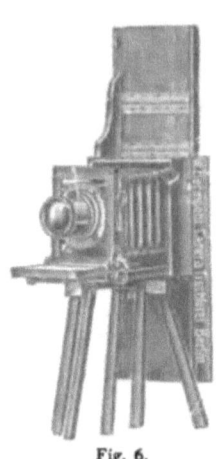

Fig. 6.

Die Kamera wiegt mit Objektiv, Filterschlitten und allem Zubehör 1900 g und kann auf einem leichten Reisestativ in üblicher Weise befestigt werden. Um kleinere Reisekameras mit einer Dreifarbeneinrichtung auszustatten, kann deren gewöhnliches Hinterteil durch einen Dreifarbenschlitten meines Systems ersetzt werden und dadurch jede 9×12 Kamera in eine Farbenkamera verwandelt werden. Um die Aufnahme noch mehr zu erleichtern, kann eine Einrichtung angebracht werden, durch welche das Funktionieren des Objektivverschlusses mit dem Filterwechsel derartig in Verbindung gebracht wird, daß nach vollzogenem Filterwechsel die Exposition automatisch beginnt und durch einen Druck auf eine Birne automatisch beendet, gleichzeitig die pneumatische Filterwechselung ausgelöst und die nächste Exposition nach Filterwechselung selbständig bewirkt wird. Die ganze Manipulation des Aufnehmens wird durch Druck auf eine einzige Birne bewirkt und erreicht damit diejenige Bequemlichkeit, die irgendwie erwünscht wird. Alle diese Einrichtungen sind bei der nach meinem System konstruierten Kamera von Bermpohl in vortrefflicher Weise ausgeführt.

Eine wichtige Frage bei der Herstellung von Drei- *Das Objektiv.* farbenaufnahmen nach der Natur ist die Beschaffenheit des Objektives. Die Bedingungen, daß die drei Bilder genau scharf und genau gleich groß sind, ist durchaus nicht leicht zu erfüllen, und selbst bei kleinen Brennweiten der Objektive treten bei allen jetzt bekannten Instrumenten geringe Differenzen auf, die allerdings fast immer vernachlässigt werden können. Es ist zweckmäßig, ein Objektiv von nicht zu geringer Lichtstärke zu benutzen, um auch unter ungünstigen Umständen noch Porträtaufnahmen schnell herstellen zu können. Um einen Anhaltspunkt für die Expositionszeit zu gewinnen, mag bemerkt werden, daß die Belichtungszeit der Perchromoplatten hinter meinen Filtern bei mittlerem Sommerlicht bei Abblendung $f/9$ für Blau und Grün etwa $1/2$ Sekunde, für Rot etwa 1 Sekunde beträgt. Bei voller Öffnung eines Objektives von $f/4{,}5$ ist unter diesen Umständen die Belichtungszeit also $1/8$, $1/8$, $1/4$ Sekunde. Es ist dies die äußerste Grenze der mit der Hand noch mit Sicherheit abzuschätzenden Expositionszeit unter der Voraussetzung, daß die Abschätzung der Aufnahmezeit durch einen Chronographen unterstützt wird.

Aus dieser Betrachtung geht hervor, daß es durch- *Lichtstärke.* aus nicht notwendig ist, für die Farbenaufnahme ein besonderes lichtstarkes Objektiv zu verwenden. Immerhin aber gibt es Fälle, in denen eine große Lichtstärke des Instrumentes erwünscht ist. Einerseits ist dies bei schlechtem Licht der Fall, bei welchem Farbenaufnahmen viel häufiger gemacht werden müssen als Schwarzaufnahmen, anderseits bei der Aufnahme in Innenräumen, besonders bei der Herstellung von Porträts in solchen.

In dem Abschnitt über die Aufnahmen selbst werde ich eingehend darauf zurückkommen, daß man Farbenaufnahmen vielfach zu Zeiten und unter Umständen gern machen wird, wo man Schwarzaufnahmen nie machen würde, beispielsweise in sehr vorgeschrittener Dämmerung. Es ist daher ein lichtstarkes Instrument immerhin sehr erwünscht.

Apochromatische Korrektur. Fernerhin muß das Objektiv aber anderen Bedingungen wesentlich genügen. Hierhin gehört in erster Linie das scharfe Auszeichnen des geforderten Formates mit voller Öffnung, was bei sehr lichtstarken Objektiven nicht ohne weiteres der Fall ist, vor allen Dingen aber die genaue Koinzidenzschärfe und Größengleichheit der drei Teilbilder.

Brennweite. Ehe ich hierauf eingehe, möchte ich über die Brennweite des Instrumentes kurz sprechen. Für das Format 8 × 9 cm würde man für Schwarzaufnahmen wohl eine Brennweite von 10 bis 11 cm für angemessen ansehen. Für Farbenaufnahmen ist diese Brennweite unbedingt zu kurz. Es empfiehlt sich hier aus vielen, später zu erörternden Gründen eine längere Brennweite. Ich halte eine solche von 14 bis 17 cm für die geeignetste, schon um den Hintergrund der farbigen Bilder nicht zu klein zu bekommen und den Bildwinkel nicht zu groß werden zu lassen. Bei dem beschränkten Format ist die Ausnutzung desselben wesentlich, und ein infolge zu großen Bildwinkels erforderliches Beschneiden ziemlich ausgeschlossen.

Was nun die Größen- und Schärfengleichheit der drei Teilbilder anlangt, so erfordert dieselbe, wenn sie mit Strenge durchgeführt werden soll, eine apochromatische Korrektur der Linse. Diese Forderung, die im Dreifarbendruck bei größeren Aufnahmen in den Vordergrund tritt, tritt bei den kleinen hier gewählten Dimensionen der Naturaufnahmen allerdings etwas zurück, ohne ganz unwichtig zu sein. Benutzt man ein in dieser Beziehung sehr mangelhaft konstruiertes Instrument, so ist die Folge eine unerträgliche Unschärfe eines oder zweier Teilbilder bei Einstellung auf das dritte, eine

Unschärfe, welche bei unsymmetrischen Instrumenten unter Umständen noch durch die verschiedene Größe der Bilder besonders unangenehm fühlbar werden kann. Da wir aber über anastigmatische Instrumente von größter Lichtstärke und apochromatischer Korrektur bis jetzt noch nicht verfügen, muß man unter den vorhandenen Instrumenten das bestgeeignete aussuchen. Wir arbeiten meist mit einem Celorobjektiv von Goerz mit 18 cm Brennweite oder einem Porträtanastigmaten von 16,3 cm Brennweite von Voigtländer; auch die Planare von Zeiß sind für den vorschwebenden Zweck geeignet. Da das Gewicht der Instrumente auch eine Rolle spielt und die Lichtstärke nicht allein von der geometrischen Öffnung abhängt, so ziehen wir die beiden erstgenannten Objektive aus äußerlichen Gründen vor. Immerhin aber genügen auch sie allen Anforderungen nicht vollkommen, und die Konstruktion sehr lichtstarker apochromatischer Objektive kleiner Dimension für den vorschwebenden Zweck erscheint als eine wichtige optische Aufgabe.

Es ist ferner für die genaue Bemessung der Expositionszeit die Benutzung eines Objektivdeckels sehr ungünstig. Wir benutzen daher bei unseren Arbeiten Zeitverschlüsse, und zwar in letzter Zeit wesentlich einen auf das Objektiv gesteckten Iris-Zeit- und Momentverschluß von Görgen in München. Der Verschluß ist äußerst bequem und für den vorschwebenden Zweck besonders deswegen geeignet, weil derselbe durch einmaligen Druck auf die Birne so lange geöffnet bleibt, bis dieser Druck nachläßt, und ferner deswegen, weil derselbe auch bei niedriger Temperatur stets tadellos funktioniert hat. Störungen und Versagen, wie sie bei anderen Momentverschlüssen von uns beobachtet wurden, haben wir bei diesem Verschluß noch nicht konstatieren können. Der Verschluß ist zudem leicht und nicht zu umfangreich. Selbstverständlich können aber an Stelle des von uns angewandten auch andere Verschlüsse ähnlicher Eigenschaften benutzt werden.

Expositionszeitmesser und Chronograph. Zur Bemessung der Expositionszeit bedienen wir uns eines Expositionsmessers nach Wynne, der bei zweckmäßiger Anwendung sich sehr bewährt hat. Über den Gebrauch dieses Instrumentes soll das nächste Kapitel Aufschluß geben. Es hat sich ergeben, daß die Angaben des Expositionsmessers im allgemeinen verläßliche sind, wenn man dieselben in richtiger Weise der Blauaufnahme zu Grunde legt. Allerdings gibt die Praxis gewisse Winke für den sinngemäßen Gebrauch und erfahrungsmäßige Korrekturen, die an den Angaben des Instrumentes anzubringen sind. Um die für richtig gefundenen Expositionszeiten wirklich genau anzuwenden und um vor allen Dingen die ermittelten Verhältnisse zwischen den Expositionszeiten streng innezuhalten, muß man unbedingt über eine gute Sekundenuhr verfügen. Wir benutzen hierzu einen sogen. Chronographen (Preis 20 bis 25 Mk), der die Ablesung von Sekunden und Bruchteilen derselben mit großer Genauigkeit gestattet und zufällige Expositionszeitfehler auf ein Minimum herabdrückt. Ich kann wohl sagen, daß bei sinngemäßer Benutzung der vorstehenden Instrumente die Bemessung der Expositionszeit bei Farbenaufnahmen mit größerer Sicherheit und Genauigkeit geschieht, als dies im allgemeinen bei Schwarzaufnahmen der Fall ist, und daß wegen fehlerhafter Exposition unbrauchbare Aufnahmen zu den allergrößten Seltenheiten gehören. Selbstverständlich läßt sich dies nur bei längeren Erfahrungen erreichen, die mit Farbenapparaten ebenso wie mit Schwarzapparaten erworben werden müssen.

Kapitel 3.

Die Aufnahme.

Bei der Herstellung naturfarbiger Aufnahmen mit Hilfe des im vorigen Kapitel beschriebenen Apparates sind technische Vorbedingungen zu erfüllen, um ein günstiges Resultat zu erzielen. In erster Linie ist die Ermittelung der richtigen Expositionszeitverhältnisse vorzunehmen, die von Apparat zu Apparat infolge der unvermeidlichen geringen Verschiedenheiten der Filter und auch der Platten gleicher Provenienz verschieden sind. Zunächst ist eine Entscheidung darüber zu treffen, ob die Aufnahmen später zur Herstellung von Projektions-, bezw. Chromoskopbildern dienen sollen, oder ob nach den Teilbildern nach irgend einem Verfahren des Dreifarbendruckes (Staubverfahren, Dreifarbengummidruck, Autotypie, Lichtdruck u. s. w.) Vervielfältigungen hergestellt werden sollen. Im Fall die Herstellung von Projektions- oder Betrachtungsdiapositiven vorgenommen werden soll, ist der Weg der additiven Synthese zu wählen, im Gegenfall wird die subtraktive Synthese angewendet. Die additive Synthese verlangt andere Filter als die subtraktive, und wenn auch die Verschiedenheit der Filter keine so große ist, daß es nicht beispielsweise möglich wäre, mit additiven Filtern Aufnahmen zu machen, die auch für Dreifarbendruck brauchbar sind, so werden doch die Dreifarbendruckbilder wesentlich besser, wenn richtige subtraktive Filter gewählt werden; dagegen sind subtraktive Filter zur Herstellung von Dreifarbenprojektions- und Betrachtungsdiapositiven nahezu unbrauchbar. Der Unterschied zwischen additiven und subtraktiven Filtern liegt in ihrer Absorption. Die additive Synthese verlangt, daß die Absorption der Filter derartig ist, daß das Spektrum in drei etwa gleiche Teile zerlegt wird, einen roten, einen grünen und einen blauen. Das additive Rotfilter läßt daher rotes und orangefarbenes Licht von der Wellenlänge 700 bis 600, das Grünfilter grünes und blaugrünes Licht von der Wellenlänge 600 bis 500 und das Blaufilter blaues und violettes Licht von der Wellenlänge 500 bis 400 hindurch. Ganz anders müssen die subtraktiven Filter beschaffen sein. Die Theorie verlangt, daß dieselben in einer bestimmten Beziehung zu den drei angewandten Druckfarben stehen, und zwar, daß jedes Filter diejenigen Strahlen hindurchläßt, welche von der angewandten Druckfarbe absorbiert werden. Legen wir für die drei Druckfarben die üblichen, ihren Zwecken auch sehr gut entsprechenden Farben, Krapplack, Chromgelb, Preußischblau, zugrunde, so muß das Blaufilter für die Gelbdruckplatte Blau vollkommen und Rot teilweise hindurchlassen. Das Rotfilter für die Blaudruckplatte muß Rot und Orange vollkommen und etwas Grün hindurchlassen, und das Grünfilter für die Rotdruckplatte muß Grün und Blaugrün hindurchlassen. Die subtraktiven Filter sind daher, ganz allgemein gesprochen, weniger streng als die additiven Filter. Das Rotfilter ist mehr orange, das Blaufilter violett gefärbt und das Grünfilter stark blaustichig.

Wie die subtraktiven Filter infolge der Sensibilisierungskurve der Platte von dieser allgemeinen Betrachtung abweichend zu gestalten sind und in wie hohem Grade, mag hier füglich außer Betracht bleiben. Im allgemeinen bedingt die verhältnismäßige Zunahme der Empfindlichkeit auch der besten panchromatischen Platte nach dem blauen Ende des Spektrums zu eine Annäherung der Absorption der subtraktiven Filter an die der additiven Filter; doch bleiben noch erhebliche Abweichungen, besonders des Grünfilters, zu berücksichtigen.

Sollen die Naturaufnahmen wirklich die Nuancen der Natur richtig registrieren, so ist die Vorbedingung die, daß die Teilbilder gegeneinander richtig exponiert sind und vor allen Dingen, daß das einmal für richtig befundene Verhältnis der Expositionszeiten ein für allemal und unter allen Bedingungen Anwendung findet. Die Aufgabe, die richtigen Verhältnisse zwischen der Belichtungszeit der einzelnen Teilbilder festzustellen, ist eine ein für allemal zu lösende, vorausgesetzt, daß immer dieselben Farbenfilter und dieselbe Plattenart bei der Aufnahme benutzt wird. Wechselt die Plattenart, so wird selbstverständlich auch das Expositionszeitverhältnis verändert. Die Badeplatten, die nach einem bestimmten Rezept hergestellt sind, geben, wenn die Mutteremulsionen nicht wesentlich verschieden sind, immer die gleichen Belichtungverhältnisse, und das gleiche gilt meist von den in der Emulsion gefärbten Perchromoplatten. *(Bedeutung der richtigen Expositionszeitverhältnisse.)*

Die Bestimmung der richtigen Belichtungsverhältnisse der drei Teilbilder für eine gegebene Dreifarben-Aufnahme-Kamera muß, da von ihrer Richtigkeit das Resultat aller späteren Aufnahmen wesentlich abhängt, mit großer Sorgfalt vorgenommen werden. Es handelt sich darum, ein Kriterium für die richtigen verhältnismäßigen Belichtungszeiten zu finden und dieses Kriterium richtig anzuwenden. Die übliche Vorschrift, einen weißen Gegenstand durch die drei Filter aufzunehmen, und die Expositionszeiten so lange zu variieren, bis die drei Teilbilder nach der Entwicklung identisch erscheinen, ist im allgemeinen richtig, muß aber mit einer gewissen Sorgfalt und unter Beobachtung gewisser Vorsichtsmaßregeln ausgeführt werden. Ich verfahre zur Ermittlung richtiger Expositionszeitverhältnisse folgendermaßen. Die Aufnahme wird an einem trüben, aber hellen Tage mit möglichst weißem Licht gemacht. Wintertage in rauchigen Städten sind hierzu nicht geeignet. Am besten nimmt man die Aufnahme in einem hellen Innenraume vor, dessen Wände in einem grauen Ton gehalten sind und dessen Fensterflächen entsprechend groß sind. Wählt man einen Tag mit weißer, gleichmäßiger Wolkendecke, so ist es gleichgültig, ob man die Aufnahmen bei Nordlicht oder Südlicht vornimmt. Die Hauptsache bleibt, daß das Licht bei der Aufnahme konstant bleibt und weder Farbe noch Intensität ändert. Als Aufnahme-Objekt dient ein schneeweißer Gegenstand, am besten eine kleine Gipsbüste auf einem dunkelgrauen Grunde, die derartig kräftig beleuchtet ist, daß zwischen hellsten Lichtern und tiefsten Schatten genügende Unterschiede wahrzunehmen sind. Noch besser dient dem gleichen Zweck eine sehr gute Grauskala. Der Apparat wird dem Objekt gegenüber aufgestellt und unter Anlehnung an das vorher ungefähr ermittelte Expositionszeitverhältnis die drei Aufnahmen möglichst schnell hintereinander gemacht. Bei meinem Apparat sind die Filter so abgestimmt, daß durchschnittlich bei additiven Filtern und Anwendung von Perchromoplatten die Belichtungszeiten Blau, Grün, Rot sich verhalten wie $1:1:2$, während bei subtraktiven Filtern sich die entsprechenden Zeiten verhalten wie $1/2 : 3/4 : 1 1/2$ bis 2. Die Platten werden, nachdem man eine Versuchsaufnahme gemacht hat, bei der man diese Zahlen entsprechend zu Expositionszeitverhältnissen gewählt hat, entwickelt, und zwar muß dies unter Benutzung eines sehr verdünnten Entwicklers genügend lange Zeit geschehen, wobei man die Expositionszeit eher etwas kurz als zu lang wählt. Als Entwickler empfiehlt sich Rodinal $1:30$. Das fixierte Negativ wird jetzt sorgfältig betrachtet. Es wird sich im allgemeinen ergeben, daß die drei Teilbilder nicht vollkommen gleich sind, und daß beispielsweise das Rotfilterteilbild gegenüber dem blauen Bilde zu lange, dieses gegenüber dem grünen zu kurz belichtet erscheint. Man variiert entsprechend die Belichtungszeitverhältnisse und wiederholt die Operation mit neuen Belichtungszeiten, bis die drei Teilbilder, besonders in den Halbtönen, vollkommen gleich erscheinen. In den höchsten Lichtern wird, wenn die Entwicklungszeit nicht sehr lang gewählt war, stets ein kleiner Unterschied zu ungunsten der Rotfilterplatte restieren.

Hat man so ein für allemal die Belichtungszeitverhältnisse festgestellt, so trägt man dieselben am besten in eine Tabelle ein, die die absoluten Belichtungszeiten nach Maßgabe der Angaben des Expositionszeitmessers enthält. Um diese Tabelle, die den Gebrauch des Farbenapparates äußerst erleichtert, herzustellen, verfährt man folgendermaßen. Man begibt sich mit dem Apparat ins Freie, am besten wiederum an einem nicht sonnigen Tage, und stellt denselben einem hohen und freien, möglichst gleichförmig beleuchteten Objekt gegenüber. Die Fassade eines graugestrichenen Hauses eignet sich hierzu sehr gut. Das Photometer wird dann unter Benutzung der Sekundenuhr zunächst gegen das Objekt exponiert, und zwar hält man das Zifferblatt des von uns besonders benutzten und empfehlenswerten Wynne-Photometers so, daß dasselbe der zu photographierenden Fläche senkrecht zugewandt ist. Vor der direkten Strahlung des Himmels sucht man dabei das Photometer möglichst zu schützen. Gesetzt, man hätte gefunden, daß die Photometerzeit 10 wäre, so blendet man das Objektiv des Farbenapparates auf etwa $f/18$ ab und exponiert für Blau, nehmen wir einmal an, 5 Sekunden. Wenn dann die Expositionszeitverhältnisse des Apparates $1:1:2$ sind, so würde man für Grün ebenfalls 5, für Rot 10 Sekunden zu exponieren haben. Das Negativ wird hierauf entwickelt und festgestellt, ob die Expositionszeit richtig war. Ist dieselbe falsch, so wird die Expositionszeit für Blau entsprechend verlängert oder verkürzt. Natürlich geschieht dies in gleichem Maße für die beiden anderen Farben. Auf diese Weise erwerben wir uns eine Kenntnis der Beziehung zwischen

Belichtungstabellen.

Tabelle für Dreifarbenaufnahme-Apparat.

A) Perchromoplatte (ältere Fabrikation, die neueren Emulsionen sind etwa doppelt so empfindlich).

Belichtungszeit in Sekunden für Blende:

Photometerzeit in Sekunden	f/18 blau	f/18 grün	f/18 rot	f/12.5 blau	f/12.5 grün	f/12.5 rot	f/9 blau	f/9 grün	f/9 rot	f/6.3 blau	f/6.3 grün	f/6.3 rot	f/4.5 blau	f/4.5 grün	f/4.5 rot
Helles Sommerlicht . 2	2	2	5	1	1	2,5	0,5	0,4	1,25	0,25	0,25	0,6	0,1	0,1	0,25
Gutes Licht im Herbst und Frühjahr 4	4	4	10	2	2	5	1	1	2,5	0,5	0,5	1,25	0,25	0,25	0,6
6	6	6	15	3	3	7,5	1,5	1,2	3,8	0,75	0,75	1,9	0,4	0,4	1,0
8	8	8	20	4	4	10	2	1,6	5	1	1	2,5	0,5	0,5	1,25
Gutes Licht im Winter 10	10	10	25	5	5	12,5	2,5	2,0	6,2	1,2	1,2	3,1	0,6	0,6	1,6
Sehr trübe Tage 20	20	20	50	10	10	25	5	4	12,5	2,5	2,5	6,25	1,2	1,0	3,0
Im Walde 30	30	30	75	15	15	38	7,5	7,5	19	4	4	10	2	2	5
Helle Interieurs 40	40	40	100	20	20	50	10	10	25	5	5	12,5	2,5	2,5	6,3
Interieurs, Bilderreproduktionen 100	100	100	250	50	50	125	25	25	63	12	12	30	6	6	15
200	200	200	500	100	100	250	50	50	125	25	25	63	12	12	30

B) Badeplatten (mit Äthylrotnitrat sensibilisierte Platte der Aktiengesellschaft für Anilinfabrikation).

Photometerzeit in Sekunden	f/18 blau	f/18 grün	f/18 rot	f/12.5 blau	f/12.5 grün	f/12.5 rot	f/9 blau	f/9 grün	f/9 rot	f/6.3 blau	f/6.3 grün	f/6.3 rot	f/4.5 blau	f/4.5 grün	f/4.5 rot
Helles Sommerlicht . 2	1	0,8	1,5	0,5	0,4	0,8	0,25	0,20	0,40	0,12	0,1	0,2	0,12	0,1	0,2
Gutes Licht im Herbst und Frühjahr 4	2	1,6	3,0	1	0,8	1,5	0,5	0,4	0,8	0,25	0,20	0,40	0,15	0,15	0,25
6	3	2,4	4,5	1,5	1,2	2,2	0,6	0,6	1,1	0,4	0,3	0,5	0,2	0,20	0,40
8	4	3,2	6,0	2	1,6	3,0	0,8	0,8	1,5	0,4	0,4	0,8	0,25	0,25	0,45
Gutes Licht im Winter 10	5	4	7,5	2,5	2,0	3,8	1	1,0	1,8	0,6	0,5	0,9	0,3	0,25	0,45
Sehr trübe Tage 20	10	8	15	5	4	7,5	2,5	2,0	3,8	1,2	1,0	1,8	0,6	0,5	0,9
Im Walde 30	15	12	22,5	7,5	6	11,2	3,8	3,0	5,6	1,9	1,5	2,8	0,9	0,75	1,4
Helle Interieurs 40	20	16	30	10	8	15	5	4	7,5	2,5	2,0	3,8	1,3	1,0	1,9
Interieurs, Bilderreproduktionen 50	25	20	38	12,5	10	19	6	5	9	3	2,5	4,5	1,5	1,2	2,2
100	50	40	75	25	20	38	12	10	19	6	5	9	3	2,5	4,5
200	100	80	150	50	40	75	25	20	38	12,5	10	19	6	5	9

den Angaben des Photometers und der notwendigen Expositionszeit, indem wir beispielsweise feststellen, daß bei der Photometerzeit 10 die Expositionszeit für Blau bei $f/18$ 8 Sekunden beträgt. Hiernach können wir uns für die verschiedenen Blenden unseres Objektives und für die verschiedenen Photometerzeiten eine Tabelle entwerfen, die für die betreffende Plattengattung gilt. Als Muster gebe ich nebenstehend zwei derartige Tabellen an, die für einen von mir benutzten Apparat für Perchromo- und für Äthylrot-Badeplatten gelten.

Die technische Ausführung der Aufnahme bietet, wenn die Expositionszeit richtig ermittelt worden ist, im übrigen keinerlei Schwierigkeiten. Ich möchte hierbei noch darauf hinweisen, daß die Vorratspapiere des Wynneschen Photometers in Bezug auf ihre Empfindlichkeit erhebliche Schwankungen aufweisen, nicht so, daß von Blatt zu Blatt ein Unterschied zu konstatieren wäre, wohl aber derartig, daß neue Lieferungen des Papiers sich häufig abweichend verhalten. Will man also ganz sicher gehen, so empfiehlt es sich, jede neue Lieferung des empfindlichen Papiers mit der vorigen durch das Photometer selbst zu vergleichen. Ebenso sind die einzelnen Photometer untereinander etwas ungleich, und die an einem Photometer bestimmten Belichtungszeiten sind daher nicht für ein zweites Photometer ohne weiteres richtig.

Die technische Ausführung der Aufnahme.

Die Entwicklung der so gewonnenen Platten bedarf einer verhältnismäßig großen Erfahrung, wenn man das beste Resultat mit Sicherheit erzielen will. Zwar werden begreiflicherweise Farbenaufnahmen genau so entwickelt wie Schwarzaufnahmen, aber das Resultat hängt doch in viel wesentlicherer Weise als bei diesen von der sachgemäßen und gleichmäßigen Ausführung dieser Arbeit ab. Da es nicht wohl tunlich erscheint, Farbenaufnahmen durch Verstärken oder Abschwächen später zu modifizieren,

Entwicklung.

so muß bei der Entwicklung direkt genau das Richtige getroffen werden, wobei allerdings stets ein nicht zu geringer Spielraum in Bezug auf den Charakter des Negativs gelassen ist. Die besten Resultate erhält man nach Negativen, welche klar und weich, aber nicht kontrastlos sind, und welche bis in die äußersten Tiefen durchgezeichnet sind. Man entwickelt im allgemeinen nach dem Aussehen des Rotfilterbildes; dieses gibt über den Moment der Unterbrechung der Entwicklung den besten Aufschluß. Dasselbe muß die oben geschilderten Charaktereigenschaften besitzen, während die Blaufilteraufnahme sehr häufig stark unterexponiert erscheint, was besonders bei Abend und bei solchen Objekten, die wesentlich Grün enthalten, der Fall ist. Das gegenseitige Aussehen der drei Teilbilder bei Aufnahmen nach einem farbigen Objekt gibt keinen Fingerzeig über das richtige Expositionsverhältnis. Besonders bei Waldbildern und ähnlichen Aufnahmen sieht die Blauaufnahme, wie bemerkt, oft hoffnungslos unterexponiert aus, ist es aber in Wirklichkeit trotz ihres Aussehens durchaus nicht. Der Gegenstand enthielt eben außerordentlich wenig oder kein blaues Licht. Bei der Beurteilung des Negativs in der Durchsicht ist es daher zweckmäßig, sich nur nach der Rotfilteraufnahme zu richten.

Dunkelkammerbeleuchtung. Um das Negativ richtig beurteilen zu können, ist eine genügende Menge Licht notwendig, und es empfiehlt sich daher, für eine passende, genügend helle und dabei doch unschädliche Dunkelkammerbeleuchtung zu sorgen. Bei genügend Geschick kann man zwar bei dem gewöhnlichen dunklen Rubinglas einer Dunkelkammerlaterne sehr wohl entwickeln, viel besser ist es aber, ein besonderes Dunkelkammerlicht zu benutzen, welches bei ausreichender Helligkeit volle Sicherheit gewährt und mit dessen Hilfe auch das Einlegen der Platten leicht bewerkstelligt werden kann. Ich gebe in nachstehendem die Anweisung zur Herstellung passender Dunkelkammerscheiben für diesen Zweck. Wer im Guß von Farbenscheiben keine Übung hat, verfahre am besten folgendermaßen. Zwei Trockenplatten von der erforderlichen Größe werden ausfixiert und sorgfältig ausgewaschen, natürlich ohne sie vorher entwickelt zu haben. Hierzu können Platten, die aus irgend einem Grunde unrichtig behandelt worden sind, z. B. falsches Licht erhalten haben, benutzt werden. Nachdem die Platten vollständig getrocknet sind, taucht man die eine in das gleich zu beschreibende Gelb-, die andere in das Violettbad. Die beiden Farbbäder werden folgendermaßen angesetzt. 20 g Tartrazin (Merck in Darmstadt) werden in 500 ccm Wasser gelöst und die Lösung filtriert. Dasselbe geschieht mit 5 g gewöhnlichen Methylvioletts. Beiden Lösungen werden einige Tropfen Karbolsäure hinzugesetzt, wodurch sie unbegrenzt haltbar werden. Die Lösungen werden in zwei Schalen gegossen und die trockenen Gelatineplatten je 5 Minuten gebadet. Nach dem Baden wird kurz mit reinem Wasser abgespült (10 Sekunden) und senkrecht zum Trocknen aufgestellt. Beide Platten werden mit Negativlack lackiert, Schicht auf Schicht zusammengelegt und am Rande mit Papier verklebt. Man erhält hierdurch eine äußerst sichere, speziell für Äthylrotplatten vollständig brauchbare Dunkelkammerscheibe, bei deren Licht man ohne jede Scheu die genannten Platten einlegen und verarbeiten kann.

In neuerer Zeit bringt auf meine Veranlassung die Folien- und Flitterfabrik, Akt.-Ges. in Hanau, Dunkelkammerfolien in den Handel, von denen Nr. 4 sich ähnlich verhält wie die eben beschriebene Kombinationsscheibe. Diese Folien können daher mit Vorteil benutzt werden. Sie werden am besten zwischen Glasplatten eingelegt und in diesem Zustand verwendet.

Gelatinefolien für Dunkelkammern.

Gleichmäßige Behandlung der Teilbilder.

Da man den Charakter der drei Teilbilder nicht voraussehen kann, so ist es auch vollkommen unzulässig, etwa eines derselben durch Nachentwickeln kräftigen oder verändern zu wollen. Grobe Expositionszeitfehler lassen sich überhaupt nicht ausgleichen, und etwaige kleine Fehler können in der später zu beschreibenden Weise korrigiert werden.

Entwickler.

Was den Entwickler betrifft, so sind spezielle Vorschriften für Farbenaufnahmen nicht zu machen. Es empfiehlt sich, einen nicht zu hart arbeitenden, aber doch kräftigen Entwickler anzuwenden. Ich benutze ausschließlich für die Hervorrufung der Farbenplatten Rodinal 1:15 bis 1:18, das sich in dieser Konzentration für Perchromoplatten vorzüglich eignet. Bei der Badeplatte wird man eventuell von dem vorgeschlagenen Konzentrationsverhältnis entsprechend abweichen, je nach der Natur der angewandten Mutteremulsion. Äthylrot-Badeplatten verhalten sich in Charakter und Deckung fast genau wie die Mutteremulsion, und können die für diese erprobten Rezepte ohne weiteres Verwendung finden. Auch die anderen organischen Entwickler, speziell Metol, sind sehr günstig für Farbenaufnahmen, unzweckmäßig dagegen Hydrochinon, welches ich für diese Arbeit nicht empfehlen kann. Standentwicklung ist für Farbenaufnahmen nicht am Platz. Auch wenn die üblichen Zinktröge nicht benutzt werden, sondern zweckmäßigerweise in Glasgefäßen entwickelt wird, ist das Resultat kein zufriedenstellendes, um so mehr, als für Standentwicklung hier kein Grund vorhanden ist, da unterexponierte Farbenaufnahmen auch ohnehin unrettbar verloren sind.

Ob man zwischen Entwickler und Fixierbad die Platten abspülen will, ist ziemlich gleichgültig, vorausgesetzt, daß ein stark saures Fixierbad benutzt wird. Sind bei Aufnahmen auf der Reise infolge mangelhafter Fixierung Platten entstanden, deren Schatten sich gelb gefärbt haben, so hilft nachträgliches Fixieren in einem gewöhnlichen sauren Fixierbad, oder in extremen Fällen in einem gewöhnlichen Tonfixierbad. Irgend welche weiteren Angaben erübrigen sich von selbst. Schwierigkeiten besonderer Art liegen aber bei der Entwicklung der Farbennegative nicht vor, und man kann im allgemeinen nur sagen, daß bei dieser Arbeit genau so verfahren wird, wie bei der Hervorrufung der gewöhnlichen Schwarzaufnahmen. In einem Schlußkapitel werde ich dagegen eine Reihe von Erfahrungssätzen aufstellen, die mehr für die Ästhetik der Aufnahmen von Bedeutung sind, und die den Unterschied zwischen der Auswahl der Motive von Schwarz- und Farbenaufnahmen klarstellen sollen. Daß hier erhebliche Differenzen sind, die nicht bloß darin zu suchen sind, daß man bei der Auswahl der Motive auf die Farben mit Rücksicht zu nehmen hat, ist ja einleuchtend.

Kapitel 4.

Die additive Synthese.

Mit der Herstellung der drei Teilnegative ist die eine Hälfte der Aufgabe, deren Lösung zur Erzeugung naturfarbiger Photogramme führt, erledigt, und es handelt sich nunmehr darum, das gewonnene Negativ passend zu benutzen. Wie schon in der Einleitung hervorgehoben, bieten sich hierzu zwei bekannte Wege dar, deren Endziel es ist, die Analyse der Farben, die durch die Aufnahme gewonnen ist, synthetisch zu verwerten. Der Weg der additiven Synthese, den man als Betrachtungs- oder Projektionsphotographie bezeichnen kann, führt, wie an gleicher Stelle bereits hervorgehoben, nicht

Weg der Synthese.

zur Erzeugung objektiv farbiger Bilder nach der Art gewöhnlicher Photogramme, sondern gibt nur die Möglichkeit, entweder in einem besonderen Betrachtungsapparat die Bilder farbig erscheinen zu lassen, oder dieselben, auf einen Schirm projiziert, einer größeren Anzahl von Beschauern gleichzeitig farbig vorzuführen. Für viele Zwecke bietet diese Methode der subtraktiven Methode gegenüber ganz außerordentliche Vorteile dar. Dies gilt besonders mit Rücksicht auf die ungewöhnliche Bequemlichkeit derselben und auf die geradezu erstaunliche Treue der Farbenwiedergabe, die sich bei richtiger Arbeit mittels dieser Methode erreichen läßt. Die additive Synthese läßt in dieser Beziehung überhaupt nichts zu wünschen übrig. Hierin liegt ihr wissenschaftlicher und auch ihr ästhetischer Wert. Sie ermöglicht auf der einen Seite die wissenschaftlich korrekte Wiedergabe irgendwelcher gefärbter Objekte mittels verhältnismäßig außerordentlich einfacher Arbeitsmethoden und gewährt anderseits einen hohen ästhetischen Genuß und ein vom malerischen Standpunkt aus äußerst wertvolles Material zur Vertiefung unserer Farbenkenntnis der Natur.

Die einfachste Methode, um die Teilbilder zu einem farbigen Bilde subjektiv zu vereinigen, ist die Methode des Betrachtungsapparates oder Chromoskops (Fig. 7). Unter den vorgeschlagenen Konstruktionen dieses Instrumentes nimmt die von Zink zuerst angegebene, später von Ives verwendete Bauart des Betrachtungsapparates die erste Stelle ein. Es gibt noch eine ganze Reihe von anderen Wegen, um passende Betrachtungsapparate zu konstruieren, besonders wenn man zur Betrachtung der Bilder beide Augen zu Hilfe nehmen will. Beispielsweise kann man in sehr einfacher Weise dem einen Auge das rote und grüne Bild, dem zweiten das grüne und blaue Bild gleichzeitig zuführen. Bei dieser Konstruktion, die ich ebenfalls ausgeführt habe, wird durch passende Prismen dieser optische Effekt erreicht, und die Konstruktion zeichnet sich insofern durch Einfachheit aus, als die drei Teilbilder auf einer Platte bleiben können. Die erlangte Farbenmischung ist aber infolge der Vereinigung der Bilder auf den Netzhäuten der beiden Augen nicht für alle Beobachter eine vollkommene. Es treten leicht, wenigstens bei manchen Beobachtern, die auch im Stereoskop wahrnehmbaren Flimmererscheinungen auf, die schon Helmholtz beschrieben hat bei Gelegenheit seiner Studien über die stereoskopische Vereinigung zweier Bilder.

Etwas unbequemer in der Ausführung, aber besser in den Resultaten sind die Methoden, die sich des Zinkschen Chromoskops bedienen, und wenn dieses Instrument nicht, wie es durch Ives geschehen ist, mit in der Masse gefärbten Glasplatten als Farbenfilter, sondern mit spektral genau richtigen Filtern ausgerüstet wird, ist die Wiedergabe der Farben eine geradezu ideale zu nennen. Auch hier ist es notwendig, die einzelnen Farbenfilter im Chromoskop so anzuordnen und derartig zu färben, daß Doppelbilder vermieden werden in der Weise, wie es auf S. 26 bei der Spiegelkamera mit drei Objektiven angegeben worden ist. Es läßt sich dies durch verschiedene Anordnung der Farbenfilter, die teilweise im reflektierten, teilweise im durchgelassenen Licht arbeiten, erzielen. Es würde aber zu weit führen, auf die verschiedenen Konstruktionsmöglichkeiten hier einzugehen.

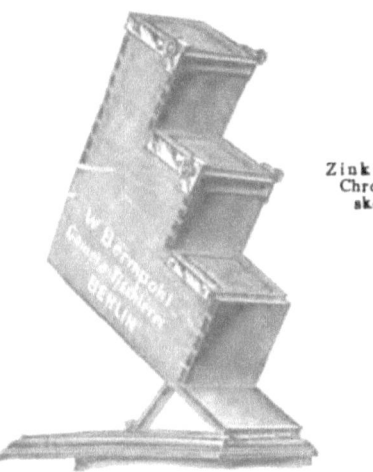

Zinksches Chromoskop.

Fig. 7.

Die Arbeiten mit dem Betrachtungsapparat setzen das Vorhandensein eines passenden Diapositives voraus, und gehe ich daher zunächst auf die Herstellung eines solchen ein.

Diapositive. Soll die Farbenwiedergabe durch das Chromoskop eine richtige sein, so müssen die Diapositive alle Tonabstufungen des Negativs vollkommen wiedergeben, und dies kann nur bei richtig belichteten und entwickelten Diapositiven der Fall sein. Von der Herstellung der Diapositive hängt daher das Resultat nicht unerheblich ab. Sind diese zu flau, so werden die Farben im Chromoskop zwar richtig, aber ihrerseits zu schwach; ist dagegen das Diapositiv hart, so werden zwar die Farben in den mittleren Tonlagen außerordentlich leuchtend, gehen aber in den Lichtern mehr oder minder verloren und weichen einem weißlichen Ton, während in den Schatten absolute Schwärzen ohne jede Lokalfarbe auftreten. Sollen fernerhin mit Rücksicht auf die im Chromoskop sowieso auftretenden Lichtverluste die Bilder möglichst hell und glänzend erscheinen, so müssen die Diapositive hervorragend klar und auch in den Halbtönen durchsichtig sein.

Die Diapositivplatte. Zur Erzeugung der Diapositive bedient man sich zweckmäßig des einfachen Kontaktkopierverfahrens und der üblichen Diapositivplatten. Die käuflichen Fabrikate aber sind vielfach für diesen Zweck wenig geeignet, wie denn überhaupt die Herstellung guter Diapositivplatten durchaus nicht in dem Maße Allgemeingut der Fabrikanten geworden ist, wie die Herstellung von guten Negativplatten. Eine gute Diapositivplatte muß dieselbe Gradation haben wie eine gute Negativplatte, und darf nicht, wie dies meist der Fall ist, hart und pechig arbeiten. Sie soll sich von einer Negativplatte nur durch die Glasklarheit und die Feinkörnigkeit unterscheiden.

Die englischen Diapositivplatten, die in Deutschland soviel Verwendung finden, sind für die uns vorschwebenden Zwecke meiner Erfahrung nach wenig geeignet, da sie meist zu kraftlos arbeiten und vor allen Dingen der Verarbeitung dadurch Schwierigkeiten entgegensetzen, daß sie sich bei längerer Entwicklung leicht gelb färben. Ich benutze daher für meine Arbeiten durchaus deutsche Fabrikate, von denen mehrere sehr wohl geeignet sind. In erster Linie sind die Sachs-Platten durch Wohlfeilheit und gute Brauchbarkeit ausgezeichnet; aber auch andere Fabrikate deutscher Provenienz sind vorzüglich. Das Kopieren nehme ich in einem für diesen Zweck nach Format und Konstruktion besonders hergestellten Kopierrahmen vor. Der Kopierrahmen hat das Lichtmaß 9×24 cm und besitzt oberhalb des eingelegten Negatives einen aufklappbaren Deckel, durch den die Belichtung vorgenommen werden kann. Der Deckel besteht aus drei Klappen im Format 9×8 cm, die gemeinsam oder jede für sich geöffnet werden können. Hierdurch ist die Möglichkeit gegeben, beim Kopieren etwaige kleine Expositionszeitfehler des Negatives auszugleichen. Nachdem das Negativ ausgefleckt und etwaige sonstige kleine Fehler durch vorsichtige Retouche beseitigt sind — ein teilweises Decken ist hierbei ganz ausgeschlossen —, wird dasselbe im Kopierrahmen mit der Diapositivplatte in Kontakt gebracht und das Exponieren bei künstlichem, möglichst gleichmäßigem Licht vorgenommen. Hierzu dient bei uns eine gewöhnliche 32 kerzige Glühlampe, die nur für diesen Zweck verwendet wird und bei konstanter Spannung ein sehr gleichmäßiges Licht liefert. Es empfiehlt sich, wenn die Negative nicht ganz besonders dünn sind, den Kopierrahmen in 30 bis 35 cm Entfernung von der Lampe fest aufzustellen; bei ganz zarten Negativen wird die Entfernung verdoppelt. Die Expositionszeit, zu deren Bemessung ein Metronom dient, wird durch Öffnen des Kopierrahmendeckels bewirkt und beträgt bei mitteldichten Negativen 2 bis 4 Sekunden unter Anwendung der besprochenen Sachs-Platten. Es wird dann sofort entwickelt. Die Entwicklung nehmen wir mit einem verhältnismäßig außerordentlich stark konzentrierten Rodinalentwickler vor. Es werden 20 ccm Rodinal mit 110 bis 120 cm Wasser verdünnt und diese Lösung zur Entwicklung von 12 bis 15 Diapositiven nacheinander benutzt. Die Hervorrufung ist eine durch die Konzentration des Entwicklers bedingte außerordentlich rapide Nach 8 bis 20 Sekunden hat das Diapositiv die richtige Dichtigkeit, wird kurz abgespült und in einem kräftigen sauren Fixierbad fixiert. Hierauf wird, wie üblich, 20 bis 40 Minuten gewässert. Wenn zwei Arbeiter gemeinsam die Herstellung der Diapositive vornehmen, kann auf diesem Wege eine sehr große Anzahl derselben in sehr kurzer Zeit gemacht werden. In der Stunde lassen sich mit leichter Mühe 25 bis 30 derselben erzeugen, und bei genügender Übung werden darunter verhältnismäßig wenig Fehlresultate sein.

<small>Hervorrufung.</small>

Auf den ersten Blick könnte es scheinen, als wenn mit einem derartig konzentrierten Entwickler keine guten Resultate erzielt werden könnten. Die Erfahrung hat aber gezeigt, daß der Weg der schnellen Entwicklung stets zu viel besseren Resultaten führt, als der langsamer Hervorrufung. Man erhält hierbei äußerst klare, kräftige und doch weiche Diapositive von dem gerade gewünschten Charakter, und die allen Diapositivplatten innewohnende Neigung zu Gelbschleier kommt nie zur Beobachtung. War die Belichtungszeit zu kurz und muß demgemäß die Entwicklungszeit verlängert werden, so treten allerlei Unzuträglichkeiten auf. Die Diapositive werden nach sorgfältiger Wässerung unter einer kräftigen Brause gespült und schnell getrocknet. Auch dies geschieht mittels eines Ventilators, niemals aber mit Spiritus, weil dadurch leicht Fehlerscheinungen auftreten und weil vor allen Dingen der Charakter der Diapositive dadurch ungünstig beeinflußt wird.

Nachdem die Diapositive in der beschriebenen Weise hergestellt worden sind, kann die Betrachtung im Chromoskop ohne weiteres erfolgen, zu welchem Zweck das dreifache Diapositiv in seine Teile zerschnitten wird und die Einzelbilder auf die drei Stufen des Chromoskops derartig aufgelegt werden, daß das Rotfilterbild durch die rote Scheibe, das Grünfilterbild durch die grüne Scheibe und das Blaufilterbild durch die blaue Scheibe betrachtet wird. Durch Benutzung der an dem Apparat angebrachten Justierschrauben werden die drei Bilder leicht und schnell zur Deckung gebracht, nachdem das Chromoskop so aufgestellt worden ist, daß die Bilder von gleichmäßigem zerstreuten Tageslicht getroffen werden. Zu diesem Zweck richtet man das Instrument an einem Fenster gegen den hellen Himmel. Bei direktem Sonnenlicht wird ein Bogen Pauspapier oder eine matte Scheibe in entsprechender Entfernung vor das Instrument gestellt. War das Negativ richtig exponiert und das Expositionszeitverhältnis gut gestimmt und getroffen, sind die Diapositive kräftig und doch nicht hart, so erscheint im Chromoskop das Bild in natürlichen Farben von überraschender Genauigkeit gefärbt.

Betrachtung der fertigen Bilder.

Die Farbennuancen sind mit einer verblüffenden Naturtreue wiedergegeben, und das Bild erscheint plastisch und äußerst lebhaft. Fehlerhafte Belichtungszeiten wirken in ganz bestimmter Weise auf das Resultat ein, und daher kann man auch mittels des Chromoskopes sich überzeugen, ob die benutzten Expositionszeitverhältnisse richtig sind.

Die umstehende Tabelle gibt eine genaue Übersicht über die möglichen Fehler und deren Ursachen.

Tabelle der Fehler.

Das Bild erscheint:	Grund:
Im ganzen zu blau.	Überexposition des blauen Teilbildes.
„ „ „ rot.	Überexposition des roten Teilbildes.
„ „ „ grün.	Überexposition des grünen Teilbildes.
„ „ „ violett.	Unterexposition des grünen Teilbildes.
„ „ „ gelb.	Unterexposition des blauen Teilbildes.
Alle Lichter sehen weiß oder nahezu weiß aus.	Das Negativ wurde zu dicht und hart entwickelt oder das Diapositiv zu kurz exponiert oder zu hart entwickelt.
Die Farben sind matt.	Negativ oder Diapositiv zu dünn.
Die Schatten sind schwarz und schwer.	Unterexposition des Negatives; Überentwicklung des Diapositives.
Die Bilder decken sich nicht überall.	Das aufzunehmende Objekt hat während der Aufnahme sich bewegt.
Die Teilbilder sind verschieden groß.	Die Einstellung des Kamera-Auszuges hat sich zwischen den Teilaufnahmen verändert.
Die Schärfe körperlicher Objekte ist nicht genügend über allen Teilen vorhanden.	Es wurde mit zu großer Blende gearbeitet, so daß die Tiefe des Objektives nicht ausreichend war; tritt besonders bei Aufnahmen aus großer Nähe auf.
Die Lichter erscheinen rötlich, sonst sind die Farben angenähert richtig.	Überexposition aller Teilbilder und dadurch bedingte zu kurze Entwicklung.
Die Farben in den Lichtern etwa richtig; zu blaue Schatten.	Unterexposition aller Teilbilder.

Dreifarbenprojektionsapparate. Viel eindrucksvoller läßt sich die additive Reproduktion der farbigen Teilbilder erzielen, wenn man an

— 53 —

Stelle eines Betrachtungsapparates einen entsprechend konstruierten Projektionsapparat wählt, wodurch die Bilder gleichzeitig einem größeren Kreise vorgeführt werden können. Es gibt mehrere Wege, um derartige Projektionsapparate zu konstruieren. Der eine, welcher von Ives betreten worden ist, gestattet selbst unter Anwendung einer äußerst intensiven Lichtquelle nur eine mäßige Projektionsgröße und gibt wenig befriedigende Resultate. Der Ivessche Apparat besteht aus einer starken Lichtquelle, deren Licht durch eine Spiegelvorrichtung nach Art des Zinkschen Chromoskopes, nachdem dasselbe durch eine Kondensorlinse parallel gemacht ist, drei identischen photographischen Objektiven zugeführt wird, welche die entsprechend angeordneten Diapositive durch passend gefärbte Filter auf einen Schirm projizieren. Durch den unvermeidlichen Lichtverlust bei dieser Konstruktion ist die Ausnützung der Lichtstärke der Lampe sehr ungünstig.

In viel besserer Weise erreicht man selbst mit schwächeren Lichtquellen eine lichtstärkere Projektion, *Einfacher Projektionsapparat.* wenn man drei identische Projektionsapparate verwendet, die in ihrer einfachsten Ausführungsweise in einem gemeinsamen Kasten untergebracht werden und deren Achsen parallel sind. Das Zusammenfallen der Bilder auf dem Projektionsschirm wird nicht durch gegeneinander geneigte Achsen, sondern durch Verschieben der Objektive parallel mit der optischen Achse bewirkt. Hierdurch wird eine genaue Deckung der drei Teilbilder erreicht, was durch drei miteinander verbundene, gegeneinander geneigte Apparate nicht zu erzielen ist. Der von mir zuerst konstruierte Dreifarben-Projektionsapparat hält das Prinzip fest, die drei gemeinsam auf der gleichen Platte aufgenommenen Teilbilder direkt auf eine Diapositivplatte zu kopieren und sie unzerschnitten in einen passend konstruierten dreiteiligen Projektionsapparat einzuführen.

Der Apparat ist folgendermaßen hergestellt. Übereinander befinden sich drei Kalklichtbrenner senkrecht angeordnet. Der Abstand von Brenner zu Brenner ist gleich dem Abstand der Mitte der Diapositive, also senkrecht gemessen 8 cm. Diese drei Kalklichtbrenner können durch drei Nernst-Intensivbrenner mit Vorteil ersetzt werden, deren Lichtstärke sich für diesen Zweck bei Anwendung von Projektionsobjektiven mit genügend großem Durchmesser besonders eignet. Das von den drei Lichtquellen ausgesandte Licht wird durch ein dreifaches System von Doppelkondensoren entsprechend konvergent gemacht. Die Doppelkondensoren bestehen aus zwei plankonvexen, viereckig abgeschliffenen Linsen im Format 8×9 cm. Diese Linsen sind in gemeinsame Rahmen ohne Zwischenwände direkt übereinander gefaßt. Dicht hinter der zweiten Kondensorlinse, in der Richtung von der Lichtquelle her, befindet sich ein Rahmen zur Aufnahme des dreiteiligen Diapositives, welches durch drei in 8 cm Entfernung übereinander angebrachte Projektionsobjektive abgebildet wird. Die Projektionsobjektive besitzen Farbfilter von entsprechenden Farben und sind mit mikrometrischen Einrichtungen zur gegenseitigen Verschiebung in horizontalem und vertikalem Sinne versehen. Die Einrichtung ist folgendermaßen getroffen. Während das mittlere Objektiv ein für allemal fest in seinen Stutzen eingeschraubt ist, kann das obere und das untere Objektiv durch eine Kreuzschlittenvorrichtung horizontal und vertikal mittels schnell steigender Schrauben verschoben werden. Als Projektionsfläche dient ein weißer Schirm von entsprechenden Dimensionen, der mit einem breiten, aus schwarzem Sammet hergestellten Rande versehen ist. Der Schirm ist undurchsichtig und wird aus weißem Rollenpapier oder besser glatter präparierter Leinwand hergestellt. Zu diesem Zweck wird glatte Malleinwand auf einem Keilrahmen ausgespannt und mit einer Mischung von Barytweiß und Gelatinelösung mehrere Male überstrichen. Die Mischungsverhältnisse sind so zu wählen, daß die Farbe matt auftrocknet, ohne abzufärben.

Mit Hilfe der genannten Lichtquellen kann eine Projektionsfläche von $1^1/_2$ m Länge und entsprechender Höhe kräftig beleuchtet werden. Um die Einstellung der drei Diapositive auf den Schirm zu erleichtern, ist es zweckmäßig, den zur Aufnahme des Diapositives dienenden Rahmen um seinen Mittelpunkt in einer vertikalen Ebene etwas drehbar zu machen.

Eine einfache Ausführungsform dieses von mir konstruierten Apparates zeigt die beistehende Abbildung (Fig. 8) eines Knallgas-Projektionsapparates von Bermpohl.

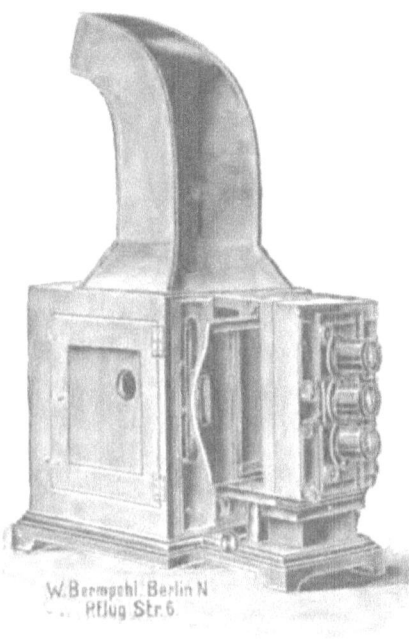

Fig. 8

Projektionsapparat mit Bogenlicht.

Sehr viel vollkommnere Projektionen in größeren Dimensionen lassen sich unter prinzipieller Beibehaltung der ganzen Anordnung mit elektrischen Bogenlampen erzielen. Die Schwierigkeit, drei Bogenlampen in dem nötigen kleinen Abstand anzuordnen, bedingt eine eigentümliche Stellung derselben, derartig, daß die Kohlen auf dem verfügbaren Raum genügenden Platz finden. Dies läßt sich am besten dadurch erreichen, daß die Kohlen wesentlich horizontal oder ein klein wenig geneigt angeordnet werden. Die von mir benutzten Bogenlampen sind Handregulatoren mit je 15 Amp. Stromstärke. Die Kohlen werden in bekannter Weise gegeneinandergestellt, daß der Krater der positiven Kohle gegen den Kondensor gerichtet ist. Projektionsapparate mit derartigen Einrichtungen liefert die Firma Gustav Meißner, Berlin, nach meinen Angaben. Der Apparat wird zweckmäßig mit kurzbrennweitigen Projektionsobjektiven ausgerüstet. (In dem von mir benutzten Apparat befinden sich drei identische Kollineare Serie II, 15 cm Brennweite.) Bei der Justierung derartiger Projektionsapparate ist es wesentlich, zunächst genaue Bildgrößengleichheit durch passende Einstellung der Objektive zu erzielen. Zu diesem Zweck wird nach Ausschaltung der Farbfilter eine Lampe in Betrieb gesetzt und das Bild auf den Schirm scharf eingestellt. Hierauf wird die zweite Lampe entzündet und das Objektiv mittels der Mikrometereinrichtung so lange verschoben, bis die beiden Bilder in der Mitte des Schirmes sich decken. Gewöhnlich sind dann die Bilder ungleich groß, was dadurch behoben wird, daß das zweite Objektiv in seiner Schiebehülse so lange in der Richtung seiner Achse verschoben wird, bis ein vollkommenes Zusammenfallen der beiden Bilder erreicht ist. Die gleiche Manipulation wird nun mit dem dritten Objektiv vorgenommen.

Unter Anwendung des eben beschriebenen Apparates lassen sich Farbenbilder mit großer Lichtstärke und prächtiger Wirkung vor einem großen Zuhörerkreis projizieren. Die Projektionsfläche kann bis 4 qm groß gewählt werden, wobei die Lichtstärke der Bilder noch eine außerordentliche ist. Es empfiehlt sich aber, über diese Größe nicht hinaus zu gehen, weil mit sinkender Lichtstärke zwar nicht die Kraft der Farbe, wohl aber die malerische Wirkung des Bildes beeinträchtigt wird.

Die Farbfilter für den Projektionsapparat werden zweckmäßig wesentlich identisch mit den Aufnahmefiltern gewählt. Man kann jedoch ohne jeden Schaden für die Farbwirkung und unter Gewinn einer erheblich größeren Lichtstärke die Farbfilter etwas weniger streng wählen. Es empfiehlt sich dies besonders bei dem Blaufilter, dessen Farbe für die Aufnahme ziemlich dunkel gewählt werden muß, während dies bei der Projektion nicht in diesem Maße der Fall ist.

Um kleine Expositionsfehler auszugleichen und um eventuell einem ungleichmäßigen Brennen der Lampen entgegenzuwirken, habe ich früher eigentümlich gestaltete Filter benutzt, die eine Variation der Sättigung der Farbe gestatteten. Diese Filter bestanden aus zwei in entgegengesetzter Richtung miteinander kombinierten flach keilförmigen Glasgefäßen, deren Raum einerseits mit einer entsprechenden Farbstofflösung, anderseits mit destilliertem Wasser ausgefüllt ist. Derartige Farbfilter liefert die Firma Leybold Söhne in Köln. Sie können auch selbst hergestellt werden, indem man in einen planparallelen Glastrog eine diagonal gestellte Scheidewand derartig einführt, daß zwei wasserdicht voneinander getrennte keilförmige Kammern entstehen. Die Filterflüssigkeiten sind für das Rotfilter Mischungen von Rose Bengale-Lösung mit Tartrazin, für das Grünfilter von Brillantsäuregrünlösung mit Tartrazin und für das Blaufilter Lösungen von Neuviktoriablau. *Filtersätze.*

Später habe ich an Stelle dieser regulierbaren Flüssigkeitsfilter trockene Filter benutzt, von denen jedes aus einer Stufenfolge verschieden intensiv gefärbter Einzelfarbfilter besteht. Alle diese Einrichtungen aber können bei einiger Übung vollkommen entbehrt werden.

Die für die Projektion bestimmten Diapositive müssen wesentlich ebenso gehalten sein wie die für das Chromoskop benutzten. Auch hier gilt die Regel, daß allzu *Charakter der Diapositive.*

zarte Diapositive matte Farben, allzukräftige Diapositive klecksig-farbige, harte und unschöne Projektionsbilder ergeben. Die Projektionsbilder selbst müssen sehr sorgfältig ausgefleckt werden, weil selbst die kleinsten Löcher in der Schicht zur Bildung von farbigen Flecken auf der Projektionswand Veranlassung geben.

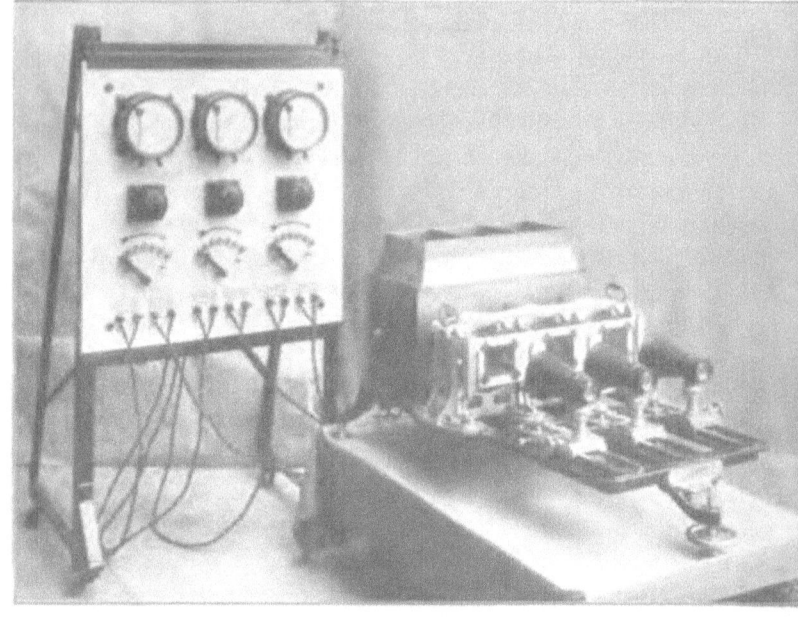

Fig. 9.

Großer Projektionsapparat. Ich wende mich jetzt zur Beschreibung des von mir konstruierten, von der Firma C. P. Goerz, Berlin-Friedenau, ausgeführten großen Farben-Projektionsapparates, der eine wesentlich bessere Ausnutzung der Lichtquelle ermöglicht, vor allen Dingen aber die Justierung der Teilbilder vorher gestattet, wozu ich mich einer besonderen Hilfseinrichtung bediene und wodurch die Möglichkeit gegeben wird, die Bilder auf dem Schirm sofort justiert und ohne Farbenränder zu erhalten.

Der große Projektionsapparat besteht wesentlich aus drei horizontal nebeneinander auf einer gemeinsamen Grundplatte angeordneten Einzelprojektionsapparaten, deren jeder eine elektrische Bogenlampe, einen Kondensator und ein Projektionsobjektiv besitzt. Allen drei Apparaten gemeinsam ist ein durchgehendes Kühlgefäß, welches weniger bestimmt ist, die Kondensoren, als vielmehr die Diapositive vor der strahlenden Wärme der Lampen zu schützen. Die Lampen sind Handregulatoren, deren Stromstärke zwischen 15 und 35 Ampère variiert werden kann, je nach der Größe der Fläche, auf welche projiziert werden soll. Die Kondensorlinsen sind dreifach und bestehen aus einer meniskenförmigen Linse, die ihre Hohlseite der Lampe zudreht, verbunden mit zwei plankonvexen Linsen, die sich ihre Konvexseiten zudrehen. Zwischen diesen beiden plankonvexen Linsen befindet sich das Kühlgefäß, welches mit phenolhaltigem destillierten Wasser gefüllt wird und eine lichte Weite von etwa 6 cm hat.

Die Objektive der drei Apparate sitzen mit ihren Fassungen und den Filtern auf drei parallel angeordneten, direkt auf die Grundplatte gegossenen und gefrästen optischen Bänken, die eine genau parallele Führung in der Richtung der optischen Achse gewährleisten. Ferner sind Einrichtungen zur groben und feinen Verstellung der Objektive in der optischen Achse, sowie senkrecht dazu in einer horizontalen und vertikalen Ebene angebracht. Nur das Mittelobjektiv besitzt diese letztere Bewegung nicht, da dasselbe unveränderlich mit seiner Mittellinie in der optischen Achse des mittleren Projektionsapparates liegt.

Die Filter sind gefärbte Gelatineschichten, zwischen Spiegelglasscheiben verkittet, und lassen sich nach Art von Objektivdeckeln auf die Linsen aufschieben. Bei passender Wahl der Filterfarbstoffe wird durch diese Einrichtung eine sehr lange Dauer der Farbfilter gewährleistet, da dieselben verhältnismäßig wenig dem äußerst intensiven Licht ausgesetzt werden. Es hat sich gezeigt, daß die Filter tatsächlich eine sehr lange Lebensdauer besitzen und erst nach etwa 100 Arbeitsstunden einer Erneuerung bedürfen.

Die Bogenlampen sind, wie gesagt, Handregulatoren mit schräg stehenden Kohlen und derartig eingerichtet, daß eine Bewegung des Kraters sowohl im horizontalen wie im vertikalen Sinne möglich ist. Die Vorschaltwiderstände sind regulierbar, so daß man die Stromstärke innerhalb der oben besprochenen Grenzen durch Drehung eines Schalthebels variieren kann. Die Konstanz der Stromstärke wird durch drei Ampèremeter gewährleistet, nach deren Angaben von Zeit zu Zeit die Bogenlänge auf das richtige Maß zurückgeführt wird.

Was nun den Stromverbrauch anlangt, so hat sich folgendes ergeben. Eine Stromstärke von 13 bis 15 Amp. für jede Lampe reicht für einen Schirm von 5 bis 6 qm vollständig aus, d. h. man erhält für diese Fläche bereits eine sehr erhebliche Lichtstärke, die eine glänzende Farbenwiedergabe ermöglicht. Für größere Flächen ist es zweckmäßig, die Stromstärke entsprechend zu steigern. Bei Verwendung von 30 Amp. kann die Projektionsfläche bereits eine Größe von etwa 20 qm haben, ohne daß die Lichtstärke in unerwünschtem Grade sinkt.

Da von der Gleichmäßigkeit des Brennens der Lampen in hohem Grade die Wirkung der farbigen Projektion abhängt, so empfiehlt es sich, die allerbesten Kohlen für den Betrieb des Apparates zu benutzen. Nach eingehenden Versuchen verwenden wir ausschließlich die Scheinwerferkohlen des Siemens-Werkes in Charlottenburg, die die Marke S. A. tragen, und zwar benutzen wir sowohl für die positiven als für die negativen Kohlen Dochtkohlen, weil hierdurch ein ruhigeres Brennen des Bogens bewirkt wird. Der Bogen wird zweckmäßig eher etwas kurz als zu lang gehalten und die Kohlen derartig angeordnet, daß ihre vorderen Leitlinien eine gerade Linie bilden. Sehr wichtig ist es, daß die Zuleitungskabel für den Strom zweckmäßig gelegt sind, so daß die Bogen durch die elektromagnetische Einwirkung des Stromes möglichst wenig gestört werden. Die Lampen sind voneinander durch Eisenblechscheidewände getrennt, um auch hier eine Einwirkung derselben aufeinander möglichst zu verringern.

Besonders eigenartig bei dem großen Projektionsapparat sind die von mir angewendeten Diapositivrahmen. Dieselben bezwecken, die vorherige Justierung der Teilbilder derartig herzustellen, daß dieselbe für immer unverändert bleibt. Die Rahmen bestehen aus einer Grundplatte von beiderseits bearbeitetem Aluminiumblech, in welche nebeneinander in passenden Abständen drei viereckige Öffnungen geschnitten sind, deren lichte Weite etwas geringer gehalten ist als die Dimensionen der Diapositive. Mittels entsprechender federnder Klemmen können nun die Diapositive, nachdem sie auseinandergeschnitten worden sind, in diesen Rahmen befestigt werden.

Bilderschlitten.

Die Absicht, die justierten Bilder sofort genau übereinander liegend auf dem Schirm erscheinen zu lassen, läßt sich nun auf zweierlei Weise verwirklichen. Entweder man justiert die Bilder direkt im Projektionsapparat, indem man das Mittelbild festklemmt und die beiden anderen Bilder so lange verschiebt, bis absolute Deckung erzielt ist und sie dann klemmt. Dies ist die Methode, die Dr. Donath bei seinem vortrefflichen Projektionsapparat in der Berliner Urania für die Projektion meiner Bilder verwendet hat, oder, was zweckmäßiger ist, man

Justierung der Bilder.

verwendet einen besonderen Justierapparat, der die Möglichkeit gibt, das Justieren in viel bequemerer Weise ohne Benutzung des Projektionsapparates jederzeit bei Tages- oder Lampenlicht vornehmen zu können. Der von mir konstruierte Justierapparat ist folgendermaßen eingerichtet. Er besteht aus einer festen Gußplatte, auf welcher einerseits zwei Führungsflächen zur Bewegung eines Schlittens, der die Justier-Mikroskope trägt, eingehobelt sind und der anderseits die Anlegepunkte für die Justierrahmen, fest verbunden mit der Grundplatte, besitzt. Auf dem beweglichen Schlitten, den man gleitend über diese Grundplatte führen kann, sind zwei Positions-Mikroskope so angeordnet, daß sie gegeneinander verschoben und außerdem um den Mittelpunkt des Schlittens gedreht werden können. Die Grundplatte des Apparates steht auf drei Füßen und ist in der Mitte der Länge nach durchbrochen, so daß mittels eines Spiegels, der nach Art eines Mikroskopspiegels unter der Grundplatte angeordnet ist, Licht von unten her auf die Diapositive geworfen werden kann.

Beim Justieren wird nun folgendermaßen verfahren. Nachdem die drei Teilbilder auseinandergeschnitten und auf den Rahmenträger gelegt worden sind, wird das Mittelbild zunächst festgestellt, wobei man selbstverständlich auf sorgfältige Ausrichtung zu achten hat, beispielsweise auf genaues Einstellen des Horizontes. Die Halteklammern der beiden anderen Bilder sind zunächst gelockert. Man bringt den Rahmen auf den Justierapparat und fixiert ihn gegen die Anschläge, welche so angeordnet sind, daß sie genau mit den Anschlägen im Projektionsapparat korrespondieren. Der Rahmen wird in dieser Lage festgeklemmt und nun der Mikroskopschlitten über das mittelste Teilbild geführt. Durch Bewegen, resp. Drehen der Mikroskope werden dieselben jetzt mit den Schnittpunkten ihrer Fadenkreuze über zwei markante Stellen des Diapositivs geführt und ihrerseits geklemmt. Der Schlitten wird dann über das rechte, resp. linke Teilbild geführt, wobei zur Fixierung des Abstandes der Bildmitten auf der Gleitschiene der Grundplatte eine entsprechende Stöpselvorrichtung angeordnet ist und nun das Diapositiv so lange bewegt und gedreht, bis die beiden vorhin ausgewählten Punkte auf die Fadenkreuzschnittpunkte fallen. Hierauf wird das Diapositiv festgeschraubt und die gleiche Arbeit am dritten Teilbild vorgenommen.

Die ganze Arbeit geht bei einiger Übung außerordentlich schnell von statten. Wir haben wiederholt während eines Vormittags 40 bis 50 Bilder justiert und dabei gefunden, daß man mittels dieser Einrichtung die Justierung mit aller nur wünschenswerten Genauigkeit vornehmen kann. Es ist auf diese Weise möglich, selbst eine große Anzahl von Bildern in wenigen Tagen zu justieren und dieselben dauernd justiert zu erhalten.

Da die Mitten der Teilbilder in allen justierten Diapositivrahmen ihrer Lage nach genau übereinstimmen, so ist, nachdem der Projektionsapparat einmal seinerseits für die betreffende Schirmentfernung einjustiert ist, diese Justierung für alle justierten Diapositive richtig. Um das Justieren des Projektionsapparates möglichst bequem zu machen, bedienen wir uns eines sogen. Testbildes, welches ebenfalls auf den Justierapparat justiert ist und welches drei gleiche Diapositive nach einem vergrößerten photographischen Raster enthält. Mittels dieses Testbildes läßt sich der Projektionsapparat in wenigen Minuten mit der größten Genauigkeit justieren.

Das Justieren des Projektionsapparates ist, wie gesagt, eine sehr einfache Arbeit. Es läuft auf zwei Operationen hinaus, auf das Gleichgroßmachen der drei Teilbilder und auf ihr genaues Zurdeckungbringen.

Justieren des Projektionsapparates.

Die Arbeit wird folgendermaßen ausgeführt. Zunächst werden zwei Projektionsapparate, beispielsweise der rote und der grüne, in Betrieb gesetzt und das eine Objektiv so lange in horizontalem und vertikalem Sinne bewegt, bis die Bildmitten genau übereinanderfallen. Es pflegt sich dann eine Größendifferenz der Bilder bemerkbar zu machen, die nun dadurch ausgeglichen wird, daß das eine Objektiv im Sinne der optischen Achse so lange verschoben wird, bis Bildgrößengleichheit erreicht ist. Ganz kleine Differenzen werden sich stets zeigen; dieselben sind aber bedeutungslos und lassen sich bei gut ebenen Filtern auf ein Minimum herabdrücken. Jetzt wird die eine Lampe, beispielsweise die grüne, gelöscht und mit der blauen und roten Lampe die eben beschriebene Manipulation noch einmal vorgenommen, wobei man natürlich alle Verschiebungen und Verstellungen an der blauen Lampe vornimmt. Hiermit ist die Justierung des Projektionsapparates beendet.

Kapitel 5.

Subtraktive Synthese oder Dreifarbendruck.

Wesen der subtraktiven Synthese. Auf dem im vorigen Kapitel beschriebenen Wege der additiven Synthese lassen sich Papierbilder nicht erzeugen. Wird dieses als Zweck der farbigen Aufnahmen betrachtet, so müssen andere Methoden eingeschlagen werden, welche als subtraktive Synthese zu bezeichnen sind, deren Ziel es ist, wirkliche farbige Bilder nach den Original-Teilnegativen zu erzeugen. Die hier vorzunehmenden Manipulationen sind wesentlich schwieriger und die Resultate naturgemäß nicht ganz so vollkommen, wie die auf additivem Wege erreichbaren; dafür aber hat man den Vorteil, zu wirklichen farbigen Papierbildern zu gelangen. Die vielen hierzu vorgeschlagenen Methoden sind zum Teil durch schöne Resultate ausgezeichnet. Ich nenne hier in erster Linie das Lumièresche Verfahren und die ihm verwandten Methoden, welche angefärbte Chromatgelatineschichten übereinanderlagern, die aber zu ihrer Ausführung eine ungewöhnliche Handgeschicklichkeit erfordern. Wesentlich einfacher und in den Resultaten gleich gut sind die von Krayn empfohlenen Verfahren mit Pigmentschichten auf dünnen, durchsichtigen Unterlagen, bei welchen das Kopieren von der Rückseite erfolgt. In neuerer Zeit bringt die Neue Photographische Gesellschaft die hierzu notwendigen Celluloid-Pigmentfolien in den drei Grundfarben in den Handel, mit deren Hilfe man sehr hübsche farbige Bilder verhältnismäßig einfach herstellen kann. Die Methode ist recht bequem. Die drei fertigen Pigmentfolien werden, wie in der Gebrauchsanweisung angegeben, in einem Chrombade chromiert und getrocknet. Dann wird im Kopierrahmen in der üblichen Weise unter den drei Teilnegativen kopiert, aber so, daß man auf die Schichtseite des Negatives die Celluloidseite des Pigmentpapieres legt. Das Kopieren der drei Teilbilder kann gleichzeitig stattfinden, doch ist die Belichtungszeit mit Rücksicht auf die verschiedene chemische Transparenz der drei benutzten Grundfarbenpigmente naturgemäß etwas verschieden. Die Bilder werden dann gleichzeitig in der in der Gebrauchsanweisung angegebenen Weise in warmem Wasser entwickelt und nacheinander übertragen. Nach dem Übertragen und Trocknen des ersten Bildes läßt sich die Celluloidhaut mit Leichtigkeit abziehen. Das Pigmentbild wird gereinigt und dann zur Übertragung und Aufpassung des zweiten Bildes geschritten. Ebenso wird mit dem dritten Bild verfahren,

Dreifarbenpigmentfolien der Neuen Photograph. Gesellschaft.

und es resultiert ein recht hübsches, bei sinngemäßer Arbeit verhältnismäßig sehr farbenrichtiges Bild von unbegrenzter Haltbarkeit. Auf gleiche Weise können auch Diapositive hergestellt werden, die den Lumièreschen und den nach ähnlichen Verfahren gewonnenen nicht nachstehen. Der ganze Prozeß zeichnet sich durch bemerkenswerte Einfachheit aus. Ebenso einfach ist das von den Farbwerken vorm. Meister Lucius & Brüning in Höchst a. M. eingeführte und verbesserte Verfahren der sogen. Pinatypie. Es eignet sich besonders für kleinere Formate, liefert sehr leuchtende Farben und ist in der Ausführung vielleicht bequemer als das eben beschriebene.

Staubverfahren. Ein zweiter von uns vielfach benutzter Weg zur Erzeugung kleiner Farbenbilder nach den Originalbildern ist das Staubverfahren, welches von mir gemeinsam mit Dr. E. Lehmann ausgearbeitet worden ist. Das Verfahren wurde seiner Zeit von uns im „Atelier des Photographen", Jahrgang 1903, Heft 6, folgendermaßen beschrieben:

Nach den drei Teilnegativen, welche sehr zart und detailreich sein müssen, so zart, daß sie auf Celloïdinpapier verhältnismäßig flaue Kopieen liefern würden, werden durch Kontakt in der Kamera gleichzeitig drei Diapositive hergestellt. Diese Diapositive müssen gleich den Negativen außerordentlich zart, ja fast dünn und dabei klar und in den Schatten durchsichtig sein. Keineswegs dürfen dieselben hart oder auch nur kräftig gehalten werden. Handelt es sich um die Herstellung vergrößerter Diapositive, wie es in der Praxis wohl stets der Fall sein wird, so müssen die Vergrößerungen auf einer Platte in der Kamera gemacht werden. Vielleicht würde es sich empfehlen, für die Praxis, um handliche Plattenformate zu erlangen, Kassetten mit drei Platten zu benutzen, die dann natürlich gleichzeitig entwickelt werden müßten. Die entstandenen Negative werden lackiert, und zwar mit einem möglichst harten, keineswegs klebrigen Negativlack, und entsprechend signiert.

Die Herstellung der Teilbilder geschieht folgendermaßen. Man benutzt eine Spiegelglasplatte, deren Dimensionen etwas größer sind als die Dimensionen jedes Teilbildes, putzt dieselben, wie im nassen Prozeß üblich, mit Ammoniak, Schlämmkreide und Alkohol auf das sorgfältigste und staubt sie ab. Hierauf findet das Überziehen derselben mit der lichtempfindlichen Lösung statt. Dieselbe besteht aus folgender Mischung: 0,6 g Gelatine, mittel, werden in 100 ccm Wasser eingeweicht und geschmolzen, 20 g Traubenzucker und 6 g doppeltchromsaures Kali der warmen Lösung hinzugefügt und das Ganze nach Zusatz einiger Tropfen Karbolsäure filtriert. Das Filtrat wird in einer mit einem Baumwollstopfen verschlossenen weithalsigen Flasche aufgehoben und hält sich mindestens 14 Tage lang, kühl aufbewahrt, unverändert. Die Glasplatte wird mit der Präparationsflüssigkeit übergossen, die man mittels eines Glasstabes gleichmäßig verteilt, an einer Ecke ablaufen läßt, worauf man zum Trocknen der Platte schreitet. Das Trocknen geschieht entweder, und zwar am besten, in einem geschlossenen Trockenöfchen bei 60 bis 70 Grad oder auch mittels einer Spiritus- oder Gasflamme bei etwa gleicher Temperatur. Selbstverständlich muß dies alles bei sehr gedämpftem Tageslicht vorgenommen werden. Sobald die Platte bei der genannten Temperatur vollkommen trocken ist, bringt man sie noch warm in einen ganz trockenen Kopierrahmen, oder noch besser unter Anwendung von Metallklammern mit dem Diapositiv in Kontakt. Das Diapositiv kann zweckmäßig ebenfalls etwas angewärmt werden. Man schreitet nun sofort zum Kopieren, welches am besten in direkter Sonne oder auch bei elektrischem Licht vorgenommen wird.

Die Kopierzeit beträgt für mitteldichte Diapositive des beschriebenen Charakters bei elektrischem Licht von 15 Amp. in 20 cm Abstand 45 bis 50 Sekunden, in der Sonne $1^3/_4$ bis $2^1/_2$ Minuten. Sofort nach dem Kopieren wird die empfindliche Platte vom Diapositiv getrennt und in einem schwach erleuchteten Raum, am besten bei einer Petroleumlampe, sofort entwickelt. Das Bild erscheint, wenn richtig exponiert, als schwach gelbes, mit allen Details sichtbares Negativ. Das Entwickeln geschieht mittels staubförmiger Farben und unter Anwendung ganz weicher, breiter Fischpinsel. Die benutzten Farben sind folgende: Gelb: Normalgelb für Dreifarbendruck, pulverförmig, von Berger & Wirth, Berlin, Beuthstraße; Rot: Krapplack, pulverförmig, dunkel (sogen. dunkler Wurzelkrapplack), feinste Qualität, von Möwes; Blau: Normalblau, staubförmig, von Berger & Wirth, Berlin, Beuthstraße. Die pulverförmigen Farben werden in der Form, wie sie bezogen worden sind, unter sanftem Druck in einer kleinen Reibschale für sich noch einmal gepulvert und auf die kopierte Platte durch ein kleines Sieb aus Müllergaze gebeutelt. Man nimmt reichlich Farbenpulver, und zwar für eine 13×18 Platte etwa einen Teelöffel voll. Nach einigen Minuten beginnt man, das Farbpulver mittels des genannten weichen Pinsels langsam über die Platte zu bewegen. Nach 5 bis 6 Minuten erscheint das Bild, und die Entwicklung wird unter fortdauernder langsamer Bewegung des Farbpulvers unter Vermeidung von Hauch und Feuchtigkeit so lange fortgesetzt, bis dasselbe in allen Einzelheiten sichtbar geworden ist. Unterbelichtung zeigt sich hierbei durch allzu leichtes Annehmen des Staubes, wodurch die Platte ein rauhkörniges Aussehen gewinnt. Bei zu langer Belichtung kommt das Bild äußerst langsam und bleibt hart. In diesem Stadium wird die Platte mit der Hand an der Ecke gefaßt, das überschüssige Farbpulver abgeschüttet und mit einem Dachshaarpinsel alles lockere Pulver entfernt. Man schreitet jetzt sofort zum Übertragen des fertigen Bildes, und zwar zunächst des gelben Teilbildes auf die definitive Unterlage. Zu diesem Zweck übergießt man die Platte gleichmäßig mit zweiprozentigem Kollodium, läßt ablaufen und kollodioniert schnell noch einmal. Sobald das Kollodium erstarrt ist und am Rande lappig einreißt, schneidet man dasselbe rings mit einem scharfen Messer durch und bringt die Platte schichtaufwärts in eine Schale mit kaltem destillierten Wasser. Unter leisem Schwenken löst sich das Bild schnell vom Glase vollkommen ab. Das Wasser wird noch ein- bis zweimal erneuert, bis dasselbe vollkommen farblos ist, und dann durch eine lauwarme einprozentige Gelatinelösung ersetzt. Man bringt hierauf ein Stück weißen Karton von erforderlicher Größe ebenfalls in die Gelatinelösung und fängt das Häutchen auf diesem Karton so auf, daß die Kollodiumschicht nach abwärts, gegen den Karton zu, zu liegen kommt. Jetzt hebt man den Karton aus der Gelatinelösung und glättet die Schicht durch vorsichtiges Strecken von den vier Ecken aus. Das Bild wird zum Trocknen aufgestellt, und nachdem es vollständig trocken geworden ist, überzieht man dasselbe mit gewöhnlichem Negativlack oder mit starker Schellacklösung. Hierauf schreitet man zum Kopieren, Entwickeln und Übertragen des zweiten Teilbildes, als welches man das rote wählt. Das Passen bewerkstelligt sich in der Gelatinelösung oder nach dem Herausheben aus derselben mit großer Leichtigkeit. Das Bild wird jetzt wieder getrocknet und abermals, und zwar etwas stärker, lackiert und schließlich in genau derselben Weise zum Kopieren, Übertragen und Aufpassen des blauen Teilbildes geschritten. Nachdem das hiermit fertige Bild vollkommen trocken geworden ist, wird es zum letztenmal lackiert und ausgefleckt. Das Ausflecken geschieht mittels passender Ölfarben, die mit Siccativ de Courtrai vermischt sind.

Das Staubverfahren liefert auch Bilder größeren Formates von überraschender Farbentreue, ist aber durchaus nicht leicht auszuführen; speziell macht die Erzielung gleichmäßig eingestaubter Schichten verhältnismäßig große Schwierigkeiten, und das Verfahren erfordert eine erhebliche Übung und schnelles und sicheres Arbeiten besonders dann, wenn der Feuchtigkeitsgehalt der Luft ein verhältnismäßig erheblicher ist.

Modifizierter Dreifarbengummidruck.
Viel einfacher in seiner Ausführung und in Bezug auf den künstlerischen Wert seiner Resultate weitaus vorzuziehen ist ein abgeändertes Dreifarben-Gummidruckverfahren, welches wir ebenfalls seit längerer Zeit kultivieren, und welches in der nachstehenden Weise angeführt vortreffliche Bilder liefert. Allerdings gehört auch zu seiner Ausübung eine gewisse praktische Erfahrung, doch ist dasselbe nicht schwieriger als die üblichen Kombinations-Gummidruckverfahren. Der von uns auf meinen Vorschlag eingeführte Weg, das blaue Teilbild nicht durch Gummidruck, sondern mittels des Eisendruckverfahrens herzustellen, gibt dem fertigen Bild einen wesentlich besseren Charakter als den sonst mit Hilfe des Dreifarben-Gummidrucks erreichbaren, und die ganze Manipulation ist erheblich viel einfacher, so daß gewöhnlich drei Drucke vollkommen genügen und ein mehrmaliges Übereinanderdrucken der Einzelfarben nicht erforderlich ist. Die Farbenwiedergabe ist eine überraschend gute, und dieser Prozeß dürfte speziell für die Porträtphotographen der gangbarste und in seinen Resultaten der befriedigendste sein. Die Handhabung ist nach unseren letzten Erfahrungen am besten folgendermaßen: Nach den vom Originalnegativ kopierten Diapositiven werden am zweckmäßigsten gleichzeitig oder kurz hintereinander mit genau gleichen Expositionszeiten

auf gewöhnlichen Negativplatten vergrößerte Negative in der gewünschten Größe hergestellt. Man benutzt hierzu zweckmäßig künstliches Licht, um vollkommen gleichmäßige Expositionen zu erzielen. Die Bilder werden entweder gemeinsam entwickelt, oder, wenn dies wegen des großen Formates nicht ausführbar ist, nacheinander genau nach der Uhr in vollkommen gleichem Entwickler von gleicher Temperatur. Man richtet sich bei der Entwicklung am besten nach dem Aussehen des nach dem roten Diapositiv gemachten Negatives. Die Negative müssen sehr weich und detailreich, aber dabei vollkommen klar sein.

Die Negative werden nach Fertigstellung mit Paßmarken versehen, und diese Arbeit folgendermaßen ausgeführt. An zwei gegenüberliegenden Seiten der Platte — zweckmäßig den Schmalseiten — werden viereckige Kartonstücke von 4 bis 8 cm Seitenlänge und solcher Dicke befestigt, daß sie etwa ebenso dick wie das angewandte Glas sind, und zwar auf der einen Seite in der Mitte eins, auf der anderen Seite an beiden Ecken je eins. Diese Pappstücke werden an das Negativ stumpf mittels amerikanischen Bandpflasters befestigt, so daß sie mit einem Rande an dem Rande des Negatives anliegen. Nachdem die drei Negative mit diesen Paßmarken ausgerüstet sind, sticht man durch dieselben auf der einen Platte drei starke, scharfe Reißnägel, so daß ihre Spitzen auf der Schichtseite die Paßmarken durchdringen. Man bringt jetzt das zweite Teilbild, Glasseite auf Schichtseite, mit dem ersten Teilbild in Kontakt und verschiebt beide so lange, bis entsprechende Details sich genau decken. Hierauf werden die Reißnägel durch die zweite Paßmarke durchgestochen und das gleiche mit dem dritten Teilbild wiederholt. Nachdem auch bei den beiden anderen Teilbildern Reißnägel in die Durchstiche gesteckt sind und mit ihren Köpfen zweckmäßig ebenfalls mit Bandpflaster festgeklebt wurden, sind die Negative mit richtigen Paßmarken versehen.

Für den Gummidruck wird ein Papier benutzt, welches sich erfahrungsgemäß wenig dehnt. Es ist das sogen. Torchonpapier Nr. 6 Imperial von J. W. Zanders in Bergisch-Gladbach. Das Papier wird ohne weitere Vorpräparation zunächst zur Erzeugung des blauen Teilbildes nach der Rotfilterplatte benutzt. Zu diesem Zweck überzieht man es bei gedämpftem Tageslicht, nachdem es auf einem Reißbrett ausgespannt ist, mit folgender Präparationslösung:

Rohpapier.

Ausführung des Eisenblaudruckes.

1. Destilliertes Wasser . 50 ccm,
   rotes Blutlaugensalz 4.5 g.
2. Destilliertes Wasser . . . . 50 ccm,
   grünes, zitronensaures Eisenoxydammoniak . . . . . 12,5 g.

Beide Lösungen werden zum Gebrauch zu gleichen Teilen gemischt und mit einem breiten, weichen Pinsel gleichmäßig und nicht zu reichlich auf das Papier aufgetragen, aber nicht vertrieben. Bei richtigem Auftrag entsteht beim Kopieren ein vollkommen glattes, nicht körniges Bild, was für den Blaudruck sehr erwünscht ist. Der Präparationsauftrag wird sofort nach dem Streichen möglichst schnell und scharf getrocknet, wobei wir uns eines elektrischen Ventilators bedienen. Das präparierte Papier wird auf das rote Teilbild im Kopierrahmen gelegt und die drei Paßmarken hindurchgestochen. Um das Aufweiten der entstandenen Löcher bei den späteren Drucken zu vermeiden, überklebt man diese zweckmäßig ebenfalls mit Bandpflaster. Man kopiert hierauf bei gutem Licht, am besten bei hellem zerstreuten Tageslicht, so lange, bis das Kopierpapier unter den vollkommen durchsichtigen Stellen des Negatives anfängt sich silbergrau zu färben. Hierauf wird der Kopierprozeß unterbrochen und das Papier in kaltes Wasser zwecks Entwicklung gelegt. Nach drei- bis viermaligem Wasserwechsel wird das Wasser durch ganz verdünnte Salzsäure 1:200 ersetzt, und nach 5 Minuten die Säure in zwei bis drei Wasserwechseln abgespült. Das Blaubild muß weich und äußerst detailreich sein. Es wird schnell getrocknet und hierauf zur Vorpräparation für die Gummiaufdrucke geschritten.

Zu diesem Zweck überzieht man das fertige Bild auf dem Reißbrett mit einer zweiprozentigen Gelatinelösung unter Zusatz von einigen Tropfen Chromalaunlösung dünn und gleichmäßig und läßt vollständig trocknen. *Vorpräparation für den Gummiaufdruck.*

Die Vorpräparation mit Gelatine nach der Fertigstellung des Blaudrucks erleichtert die Herstellung der Gummiaufdrucke wesentlich, ist aber durchaus nicht unbedingt notwendig.

Man schreitet jetzt zur Herstellung des Gelbdruckes nach dem Blaufilter-Negativ. Als Pigment dient Chromgelb, zitron, dunkel von Neisch & Co. in Dresden, wie dasselbe als Temperafarbe in Zinntuben direkt erhältlich ist. Man mischt einen Gewichtsteil dieser Farbe mit zwei Gewichtsteilen Wasser gut durch und benutzt diese Farbstofflösung in folgender Weise: auf einen Teil kommt ebensoviel, etwa 40 prozentige Gummiarabikum-Lösung, und ein Teil kaltgesättigte Lösung von Kaliumbichromat, sowie je nach Bedarf etwas Wasser; die Lösung wird gründlich durchgemischt und mittels eines breiten Pinsels gleichmäßig, aber nicht zu reichlich auf den auf ein Reißbrett gespannten Blaudruck aufgetragen. Es beginnt jetzt die Operation des Vertreibens, die mittels eines breiten, elastischen Dachshaarpinsels durch senkrechtes Aufstupfen desselben bewirkt wird. Der Pinsel wird zu diesem Zweck leicht und gleichmäßig unter genau senkrechter Führung auf die Fläche gestupft, und diese Operation wird so lange fortgeführt, bis unter Verdunstung des größten Teiles der Flüssigkeit die *Gelbdruck.*

Oberfläche des Papieres mit einer äußerst feinkörnigen Schicht des Pigmentes bedeckt erscheint. Diese Arbeit kann bei gedämpftem Tageslicht vorgenommen werden. Hierauf wird der Bogen vom Reißbrett genommen, an zwei Ecken senkrecht aufgehängt und in einem kräftigen Luftstrom, am besten mittels eines elektrischen Ventilators, getrocknet. Wenn der Bogen den gehörigen Grad von Trockenheit erlangt hat, wird er auf das Gelbdruck-Negativ mittels der Paßmarken aufgenadelt. Zeigt sich dabei, daß die Nadeln den Bogen nicht stramm spannen, so wird die Trocknung noch fortgesetzt, bis dies vollkommen erreicht ist. Es ist damit ein genaues Passen gewährleistet. Jetzt schreitet man zum Kopieren bei gutem Tages- oder Sonnenlicht unter Anwendung eines Photometers. Als Photometer dient das gewöhnliche Vogelsche Stufen-Photometer, welches, mit Celloïdinpapier beschickt, unter einem mitteldichten Negativ 18 bis 19 Grad zeigen muß. Die Entwicklung wird dann sofort vorgenommen, und zwar mit Hilfe einer zarten Brause, deren Strahlen man durch weiteres oder geringeres Öffnen des Wasserhahnes mit größerer oder geringerer Kraft auf das vorher beiderseits benetzte Papier einwirken lassen kann. Die Entwicklung geht bei normalen Verhältnissen sehr schnell vor sich und ist als beendet zu betrachten, wenn das Gelb an allen Stellen des Bildes, welche kein Gelb enthalten sollen, vollkommen abgewaschen ist. Man hängt dann das Bild zum schnellen Trocknen vor einem Ventilator auf und nimmt sofort oder zu einer beliebigen späteren Zeit den Rotdruck vor. Derselbe wird genau so ausgeführt wie der Gelb-

Rotdruck. druck. Als Farbe dient Tempera-Krapplack, echt, dunkel, der gleichen Bezugsquelle.

Es wird unter dem Grünfilter-Negativ kopiert, und zwar ebenfalls etwa 18 bis 19 Grad Vogel. Nach der Entwicklung erscheint das Bild, wenn richtig verfahren war, in Bezug auf die Farben- und Tonwertswiedergabe vollendet und kräftig genug, doch kann eventuell das Überdrucken einer dünnen einzelnen Farbschicht, falls eins der drei Teilbilder zu schwach war, den Erfolg verbessern. Man bedient sich für derartige Überdrucke sehr stark mit Wasser verdünnter Präparationslösungen. Einen Eisenblaudruck auf den fertigen Gummidruck zu drucken, gelingt nicht oder wenigstens sehr unvollkommen, doch bedarf der Blaudruck wohl kaum jemals einer Verstärkung Der fertige Gummidruck wird durch Einlegen in verdünnte saure Sulfitlauge fertig gemacht, durch welche die in demselben noch enthaltenen Chromsalze aufgelöst werden und schließlich nach vollkommenem Austrocknen lackiert. Hierzu dient eine sehr verdünnte Lösung von Schellack in absolutem Alkohol oder der gewöhnliche französische Firnis mit drei bis fünf Teilen Alkohol verdünnt.

Kapitel 6.

Zur Ästhetik der farbenphotographischen Aufnahmen.

Sobald die Möglichkeit vorliegt, die Farben der Natur wiederzugeben, drängen sich dem Photographen ganz neue Probleme auf. Wenn an Stelle des schwarzen Bildes ein farbiges Bild resultiert, wird die Wahl der Motive nicht mehr durch die alten Gesichtspunkte allein, sondern durch neue Erwägungen bedingt, die auszubilden Sache des Geschmacks und der praktischen Erfahrung sind. Von vornherein ist klar, daß man der Linienführung und der Überschneidung derselben, die bei der

Auswahl der Schwarzmotive so ausschlaggebend ist, nicht mehr allein die Aufmerksamkeit wird zuwenden können und daß auch in der Linie ganz reizlose Motive farbenphotographisch verwendbar sein können, wenn nur die Farben des Motivs durch ihre Gegensätze und durch ihre Verteilung interessant sind. Wer farbenphotographische Aufnahmen vor der Natur zu machen beginnt, wird sich zunächst dieser Tatsachen nicht voll bewußt werden. Man sieht im Anfang gewissermaßen jedes Motiv durch die Schwarzbrille an und geht achtlos an den Sachen vorüber, welche man farbig photographieren sollte, während man sich Motive auswählt, deren Wirkung nachher in den Farben mehr als zweifelhaft ist. Erst allmählich lernt man die richtigen Motive und vor allen Dingen auch diejenigen Stimmungen und Beleuchtungen finden, welche den farbenphotographischen Möglichkeiten am besten entsprechen.

Licht und Schatten im Gegensatz zu den Farbenwerten. In erster Linie verdient hier ein markanter Unterschied der Schwarz- und Farbenphotographie Erwägung. Während die Schwarzphotographie Licht und Schatten wiedergibt, und daher die Skala zwischen Licht und Schatten möglichst groß sein muß, um ein effektvolles Bild zu erzielen, sind die Helligkeitsunterschiede für die Farbenphotographie sehr unerwünscht, während das Vorhandensein von Kontrastfarbenpaaren etwa gleicher Helligkeit notwendig erscheint. Je größer die Tonwertsunterschiede der einzelnen Töne in Bezug auf ihre Helligkeit sind, desto größer wird in der Farbenphotographie naturgemäß die Gefahr, die Farben in den höchsten Lichtern oder in den tiefsten Schatten zu verlieren. Ebenso wie der Maler nur unter erheblicher Einschränkung der natürlichen Helligkeitsskala sowohl die Sonne selbst als den dunklen Vordergrund in seinen Bildern wiedergeben kann, so kann der Farbenphotograph mit Rücksicht auf die Beschränkung, die ihm durch die erbarmungslos objektive Wiedergabe der Photographie auferlegt wird, nur dann mit Erfolg eine bestimmte Farben- und Helligkeitsskala in seinen Bildern wiedergeben, wenn die Kontraste in der Natur nicht zu groß sind. Als erste Regel bei der Aufsuchung farbenphotographischer Motive muß daher die gelten, daß man alle solche Aufnahmen vermeidet, bei denen die Kontraste zwischen Licht und Schatten zu groß sind. An Stelle der hellsten Farben tritt in solchen Fällen fast immer Weiß wegen der starken Überexposition auf, oder die dunkelsten Nuancen werden durch Schwarz wiedergegeben infolge der notwendigen Unterexposition. Aus diesen Betrachtungen folgt der allgemeine Satz, daß es zweckmäßig ist, farbenphotographische Aufnahmen bei möglichst ruhigem, gleichmäßigem Tageslicht herzustellen und besonders die grelle Sonne und die Mittagsstunden zu vermeiden. Selbstverständlich gibt es hiervon Ausnahmen, aber im großen und ganzen kann man wohl sagen, daß auch bei der Farbenphotographie die Mittagsstunden und das sogen. schöne Wetter viel ungünstiger sind, als die frühen Morgen- und späten Abendstunden und ein weniger gutes Wetter. Während man in der Schwarzphotographie beispielsweise an einem Regentage wegen der monotonen Beleuchtung keine guten Resultate erwarten kann, bietet für farbenphotographische Aufnahmen gerade dieses Wetter besonders günstige Vorbedingungen. Tiefe und gesättigte Farben stehen in etwa gleichen Helligkeitswerten nebeneinander.

Das Bereich des farbenphotographisch Abbildbaren ist, wie die vorstehende Betrachtung zeigt, nach gewissen Richtungen hin beschränkt, nach anderen Richtungen hin aber wiederum viel weniger eingeschränkt als das Gebiet der Schwarzphotographie. Während bei schwarzphotographischen Arbeiten im allgemeinen die frühen Morgen- und späten Abendstunden um Sonnenauf- und

Sonnenuntergang herum kaum jemals Gelegenheit zur Betätigung bieten, ist die farbenphotographische Arbeit gerade in diesen Stunden besonders erfolgreich. So lange das Licht nicht allzu schwach ist, sind die Stunden der Dämmerung hervorragend günstig, Sonnenauf- und Untergänge bieten mit ihren wechselnden Beleuchtungen unübersehbaren Stoff für farbenphotographische Studien, und die Möglichkeiten der Darstellung von Beleuchtungseffekten, die in der Schwarzphotographie in beschränktem Maße vorhanden sind, ist hier unbegrenzt. Mit welcher Pracht Sonnenauf- und Sonnenuntergänge durch die Farbenphotographie wiedergegeben werden können, ist nur dem bekannt, der solche Arbeiten längere Zeit ausgeführt hat.

Objektivbrennweite. Das Zurücktreten von Linie und Überschneidung bei der Auswahl des Motives bedingt auch in technischer Beziehung gewisse Veränderungen in der Wahl der Ausrüstung. Dies gilt besonders von dem angewandten photographischen Objektiv. Während man sonst für das Format 9×12 mit 12 bis 15 cm Brennweite sein Auslangen findet, ist es für farbenphotographische Aufnahmen unbedingt zweckmäßig, für dieses Format mindestens 20 cm Brennweite zu wählen. Ich benutze mit Erfolg für das Format 8×9 cm sogar 16,3 cm oder 18 cm Brennweite. Der Vorteil einer derartig langen Brennweite für farbige Arbeiten ist ein vielfacher. Mit der Größe des Winkels wird auch die Gefahr immer größer, daß man auf dem Bild zuviel hat: zuviel Vordergrund, zuviel Himmel, zuviel Gegenstände rechts und links. Dies ist in vielen Fällen bei der Schwarzphotographie erträglich, bei der Farbenphotographie nicht. Die Bilder wirken unruhig, ein guter Ausschnitt ist nicht zu erzielen, und speziell die Kleinheit des Hintergrundes, welcher durch die Luftperspektive einen besonderen Reiz besitzt, steht der malerischen Wirkung des Bildes entgegen.

Hierzu kommt, daß es bei farbenphotographischen Aufnahmen immer ungünstig wirkt, wenn die Farben in zu kleinen Flecken im Bilde auftreten. Gerade das Hervortreten großer, wesentlich einheitlich gefärbter Flächen ist der malerischen Wirkung der farbigen Photographie äußerst günstig, und die Beschränkung auf eine kleine Skala von Farben, die zweckmäßig als Kontrastpaare aufzutreten haben, ist viel besser als eine zu große Buntheit, die sehr häufig die Folge eines zu weiten Winkels ist.

Wenn man das von mir vorgeschlagene Format der Aufnahme wählt, so ist die Bildfläche ohnehin nicht übermäßig groß, und es bietet sich kaum noch Gelegenheit, das fertige Bild, sei es auf dem Projektionsschirm, sei es als Farbengummidruck, erheblich zu beschneiden. Deswegen muß man bei der Aufnahme mit großer Sorgfalt auf den richtigen Ausschnitt des Bildes sehen und vor allen Dingen dafür Sorge tragen, daß das Motiv günstig auf der Bildfläche sich darstellt. Hiermit ist durchaus nicht etwa gesagt, daß der Gegenstand des Hauptinteresses immer in der Mitte des Bildfeldes liegen muß, im Gegenteil wird diese Anordnung, zum mindesten, wenn sie bei einer Reihe von Bildern stetig wiederkehrt, unangenehm empfunden. Aber der Ausschnitt muß so gewählt sein, daß das Interesse des Beschauers im Bilde gefesselt und nicht aus dem Bilde herausgeführt wird. Dies hängt hauptsächlich von der Linienführung, in sehr hohem Grade aber auch von der Farbgebung ab. Ein dominierender Ton soll möglichst nicht gerade aus dem Bilde herausführen, er muß in das Bild hineinführen.

Ausschnitt.

Schließlich noch ein Wort über das Porträt. Farbige Porträts herzustellen, ist bei dem augenblicklichen Stand der Technik durchaus nicht schwierig. Bei geschicktem Arbeiten und mittelgutem Licht lassen sich Porträts und

Porträt.

Porträtgruppen in 3 bis 4 Sekunden herstellen. Wenn man derartige Porträtaufnahmen später projiziert, so wird der Anfänger an sich wohl stets den Fehler beobachten können, daß die Figur im Verhältnis zur Bildfläche zu groß geworden ist. Es ist auffallend, wieviel massiger eine farbige Aufnahme in dieser Beziehung wirkt als eine Schwarzaufnahme. Man lege sich daher in Bezug auf die Größe der wiederzugebenden Figuren einige Beschränkung auf und lasse stets eine genügende Menge Luft um das Porträt herum stehen. Hierdurch wird besonders der räumliche Eindruck wesentlich vertieft und die Darstellung wirkt weniger brutal und aufdringlich. Das gleiche gilt natürlich bei der Aufnahme mehrerer Figuren. Auch hier muß die Figurengröße nicht zu übermächtig sein.

Schlußwort. Zum Schluß möchte ich noch einen Rat für diejenigen anfügen, die sich mit der Farbenphotographie zu beschäftigen anfangen. Ebenso wie der Anfänger im Schwarzphotographieren mit sicherem Instinkt sich zunächst die allerhöchsten Ziele steckt, denen er weder technisch noch künstlerisch gewachsen ist, so geht es auch nur zu leicht dem angehenden Farbenphotographen. Er sucht seine Aufnahme-Objekte dort mit Vorliebe, wo der Geübte vor den Schwierigkeiten zurückschrecken würde.

Wer in der Farbenphotographie rasch zu technisch und künstlerisch befriedigenden Resultaten gelangen will, der scheue sich nicht, mit den allereinfachsten Aufgaben zu beginnen, und ich stehe nicht an, zu empfehlen, alle Vorstudien an Stillleben zu machen. Hier bietet sich die beste Gelegenheit, die Schwierigkeiten kennen und schätzen zu lernen, welche dem Farbenphotographen durch Helligkeitskontraste, die günstigen Chancen, welche ihm durch Farbenkontraste geboten sind. Wer ein Stillleben auch ästhetisch befriedigend zu photographieren versteht, der beginne erst mit ruhigen Landschaftsbildern, für welche Zwecke trübe, windstille Tage zu wählen sind. Auch hier wieder ist die Erfahrung die beste Lehrmeisterin; sie lehrt das Erreichbare von dem Unerreichbaren unterscheiden. Es gehört große Erfahrung dazu, zu wissen, wo die technische Unmöglichkeit beginnt, und ehe man es vor der Landschaft so weit gebracht hat, daß man die Momente auszuwählen versteht, in denen es gelingt, den Wolkenhimmel zugleich mit dem Vordergrund farbig und reizvoll darzustellen, wird manches Dutzend Platten verbraucht sein. Komplizierter und schwieriger wird die Aufgabe, wenn es sich darum handelt, schnell vorübergehende Stimmung richtig und malerisch wirksam wiederzugeben. Hier ist vieles Glückssache. Denn bei der Flüchtigkeit derartiger Momente ist man oft zu ihrem Festhalten nicht genügend gerüstet, und die schönsten Stimmungen finden sich häufig an Tagen, an denen man an farbige Aufnahmen überhaupt nicht denkt. Die Momente des ersten Sonnenstrahls nach einem vorüberziehenden Gewitter, der Augenblick des sich eben lichtenden Herbstnebels, die Stimmung kurz vor und kurz nach Sonnenuntergang kommen häufig so unerwartet, daß man den Wunsch, sie festzuhalten, erst zu spät zur Tat zu machen sucht.

Kleine Staffagen in Landschaften anzubringen, bietet keinerlei Schwierigkeiten. Sie erhöhen den Reiz der Farbenaufnahmen in hohem Grade, wenn sie geschickt und nicht aufdringlich sind. Die Aufgabe aber, Genre- und Porträtbilder zu machen, ist nur für den mit einigen Erfolgen zugänglich, der sich in der farbigen Photographie eine erhebliche Erfahrung erworben hat. Hier werden die Schwierigkeiten technischer wie ästhetischer Natur besonders groß. Die notwendige Schnelligkeit des Operierens mit Rücksicht auf die Unruhe des Modells erfordert eine weitgehende Beherrschung des ganzen Verfahrens, und wenn man sich nicht damit begnügt, Zufallsresultate auf diesem Gebiet zu ernten, sondern bestimmte Arbeiten mit Sicherheit ausführen will und vorher überlegte Aufgaben gut zu erledigen wünscht, so muß man über eine große praktische Routine verfügen, die auch hier nur durch Übung erlangt werden kann.

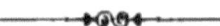

www.ingramcontent.com/pod-product-compliance
Lightning Source LLC
Chambersburg PA
CBHW030442220526
45464CB00006B/2390